# 따뜻하고 귀여운 손뜨개 방석

contents

이 책에 나오는 작품들은 하마나카 보니, 하마나카 점보니로 떴습니다. 우리나라에서는 실정에 맞게 포그니(울 95%, 아크릴 5%) 등의 실로 대체해 뜰 수 있습니다.

# 달리아 방석

집 안을 환하고 화사하게 가꿔주는 달리아
방석. 마치 하얗고 커다란 꽃이 핀 것 같
다. 입체적인 꽃술과 뾰족한 꽃잎이 섬세하
게 표현되어 있다.

**디자인** 하시모토 마유코
**뜨는 방법** 34페이지

# B
## 마거리트 쿠션

마거리트 꽃의 모티프를 풍성하게
떠서 토대에 연결했다. 우레탄 쿠
션을 넣어 푹신하게 만들었다.

**디자인 스기야마 토모**
**뜨는 방법** 36페이지

# C

## 수레국화 방석

꽃잎 뜨개 바탕은 한길긴뜨기와 걸어 올
려뜨기로 모양을 만들고, 가장자리에는
피코를 넣어 화려하게 마무리했다. 두
색의 대조가 아름답다.

**디자인** 하시모토 유미코
**뜨는 방법** 37페이지

C-1

C-2

C-3

D-1

# D

## 컬러풀 모티프 방석

꽃 모티프를 연결한 사랑스러운 디
자인이다. 컬러풀한 방석은 추운 겨
울의 방 안을 밝고 환하게 만들어
준다.

**디자인** Sachiyo * Fukao
**뜨는 방법** 40 페이지

# E

## 도일리풍 방석

도일리처럼 중심에서부터 뜨개질한
두 장을 가장자리뜨기와 트리밍으로
겹쳤다. 방사상으로 퍼진 도톰한 구슬
뜨기가 귀엽다.

**디자인** 하시모토 유미코
**뜨는 방법** 42페이지

E-1

E-1

# F

## 집 모양 방석

창문과 문을 배색 무늬로 뜨고 지붕은 앞
걸어 한길긴뜨기와 뒤걸어 한길긴뜨기를
한 코씩 교대로 떠 입체감을 살렸다.

**디자인** Ronique
**뜨는 방법** 44 페이지

# G

## 비스킷 방석

비스킷 모양의 귀여운 방석이다.
앞과 뒤 사이에 뜨개 바탕 한 장
을 더 넣어 도톰하게 만들었다.

**디자인** 가네코 쇼코
**뜨는 방법** 46페이지

# 레트로 모티프 방석

오각형으로 뜬 모티프 7장을 반으로 접고
감색 실로 떠서 연결했다. 완성해 가는 과
정 역시 재미있고 즐겁다.

**디자인** Ami
**뜨는 방법** 65페이지

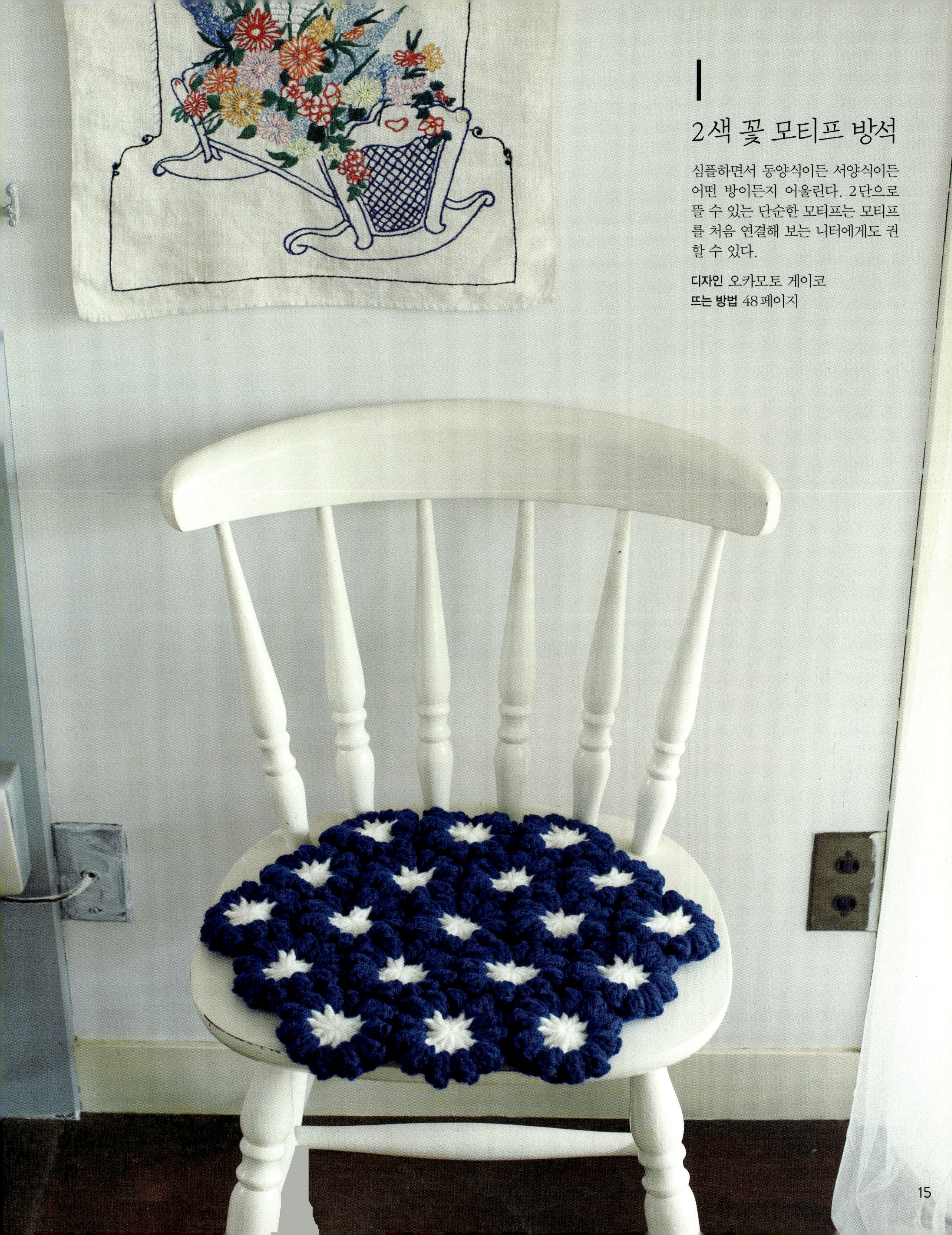

# 2색 꽃 모티프 방석

심플하면서 동양식이든 서양식이든
어떤 방이든지 어울린다. 2단으로
뜰 수 있는 단순한 모티프는 모티프
를 처음 연결해 보는 니터에게도 권
할 수 있다.

**디자인 오카모토 게이코**
**뜨는 방법** 48페이지

# J

## 입체 꽃 모티프 방석

입체적인 꽃 모티프가 가득 들어 있어
마치 꽃밭 같다. 가운데 꽃술을 뜬 다
음 겉과 안의 꽃잎을 양면에 떠 붙이면
된다.

**디자인 다니우치 에츠코**
**뜨는 방법** 50 페이지

# K

## 링 모티프 방석

9장의 링 모양 모티프를 연결하면 방사상의 꽃잎과 같은 형태가된다. 두께도 적당해져서 앉았을 때 매우 편안한 것이 특징이다.

**디자인** 마츠이 미유키
**뜨는 방법** 52페이지

L

한붓그리기 방석

꽃잎이 겹쳐져 복잡한 모양처럼
보이지만, 사실은 한붓그리기처
럼 뜨개 바탕을 모두 연결해 뜬
후 접은 재미있는 구조다.

디자인 하시모토 마유코
뜨는 방법 54페이지

L-1

L-2

# M

## 계단 모양 방석

사선 그라데이션이 포인트인 사각형
방석이다. 왼쪽 아래 모서리에서 콧수
를 늘리면서 계단 모양으로 떴다.

**디자인** Sachiyo * Fukao
**뜨는 방법** 56페이지

## 잎사귀 방석

둥근 모티프를 뒤집어 잎사귀 8장을 겹친 듯한 디자인. 시크한 모스그린 계열의 색조가 어른스럽고 눈에 띄는 작품이다.

**디자인** Ami
**뜨는 방법** 60페이지

# 퍼 방석

보슬보슬한 깔개 같은 퍼 방석은 프린지
테이프를 따로 만들어 토대에 붙이기만
하면 된다. 크게 만들면 소파 앞의 발 깔
개로도 유용하게 쓸 수 있을 것이다.

**디자인 스기야마 토모**
**또는 방법** 58 페이지

# P

## 팝콘 모양을 떠 넣은 방석

굵은 실을 팝콘 모양으로 뜬, 1장으로 된 방석이
다. 쉽고 빠르게 뜰 수 있어서 가족 모두에게 선
물해 세트처럼 쓸 수 있다.

**디자인** 오카모토 케이코
**제작** 미야자키 미츠코
**뜨는 방법** 33페이지

# 제비꽃 모티프 방석

제비꽃 모티프를 육각형으로 배치
했다. 어릴 적 할머니 댁에 대한 향
수를 불러일으키는 분위기의 방석
이다. 핑크 계통으로 러블리한 느낌
을, 보라색 계통으로 어른스러운 느
낌을 연출할 수 있다.

**디자인** 다니우치 에츠
**뜨는 방법** 62 페이지

Q-1

Q-2

# R

## 배색 모티프 방석

기하무늬의 사각형 모티프를 연결한
사각형 방석. 짧은뜨기의 줄기뜨기로
떠서 배색 모양이 선명하고 깔끔하게
나타난다.

**디자인 이마무라 요코**
**뜨는 방법 68**페이지

S

모눈뜨기 방석

모눈뜨기로 전체를 뜨고 그 틈에 실을
통과시켜 직물 무늬와 같은 모양을 만들
었다. 뜨는 부분이 적어 빠르게 완성할
수 있다.

디자인 Ronique
뜨는 방법 74 페이지

# T

## 풍차 모양 방석

링 모양의 모티프를 2색씩 교대로 연결
하면 풍차와 같은 모양이 완성된다. 그
리움을 불러일으키는 분위기가 오히려
신선한 느낌을 준다. 같은 계열 색이든
다른 계열 색이든 다 잘 어울린다.

**디자인** 가네코 쇼코
**뜨는 방법** 72페이지

# U

## 12각형 방석

도넛 모양으로 뜬 뜨개 바탕의 가운데를
잡아당겨서 개더를 모아 울퉁불퉁한 모
양으로 만들었다. 어떤 3색을 고르느냐
에 따라 분위기가 달라진다.

**디자인** 마츠이 미유키
**뜨는 방법** 69페이지

# 방석 찾아보기 작품 사진은 위쪽이 앞면, 아래쪽이 뒷면

**A** 달리아 방석
사진 4 페이지
뜨는 **방법** 34 페이지

**B** 마거리트 쿠션
사진 5 페이지
뜨는 **방법** 36 페이지

**C -1** 수레국화 방석
사진 6 페이지
뜨는 **방법** 37 페이지

**C -2** 수레국화 방석
사진 7 페이지
뜨는 **방법** 37 페이지

**C -3** 수레국화 방석
사진 7 페이지
뜨는 **방법** 37 페이지

**D -1** 컬러풀 모티프 방석
사진 8 페이지
뜨는 **방법** 40 페이지

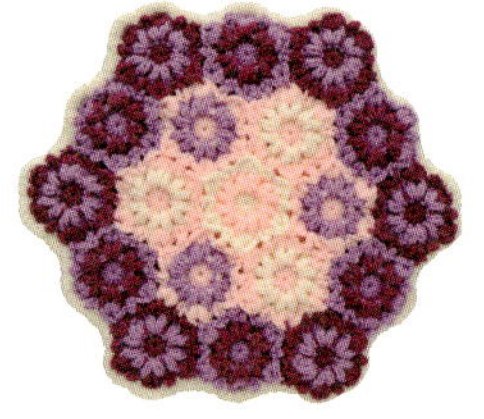

**D -2** 컬러풀 모티프 방석
사진 9 페이지
뜨는 **방법** 40 페이지

**E -1** 도일리풍 방석
사진 10 페이지
뜨는 **방법** 42 페이지

**E -2** 도일리풍 방석
사진 11 페이지
뜨는 **방법** 42 페이지

**F** 집 모양 방석
사진 12 페이지
뜨는 **방법** 44 페이지

**G** 비스킷 방석
사진 13 페이지
뜨는 **방법** 46 페이지

**H** 레트로 모티프 방석
사진 14 페이지
뜨는 **방법** 65 페이지

**I** 2색 꽃 모티프 방석
사진 15 페이지
뜨는 **방법** 48 페이지

**J** 입체 꽃 모티프 방석
사진 16 페이지
뜨는 **방법** 50 페이지

**K** 링 모티프 방석
사진 17 페이지
뜨는 **방법** 52 페이지

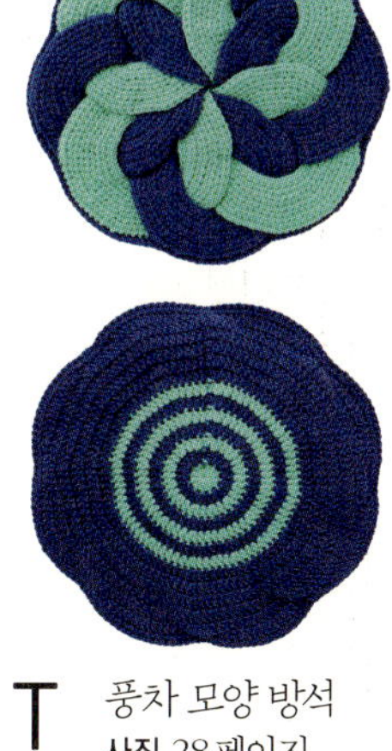

**L**
**-1**
한붓그리기 방석
**사진** 18 페이지
**뜨는 방법** 54 페이지

**L**
**-2**
한붓그리기 방석
**사진** 19 페이지
**뜨는 방법** 54 페이지

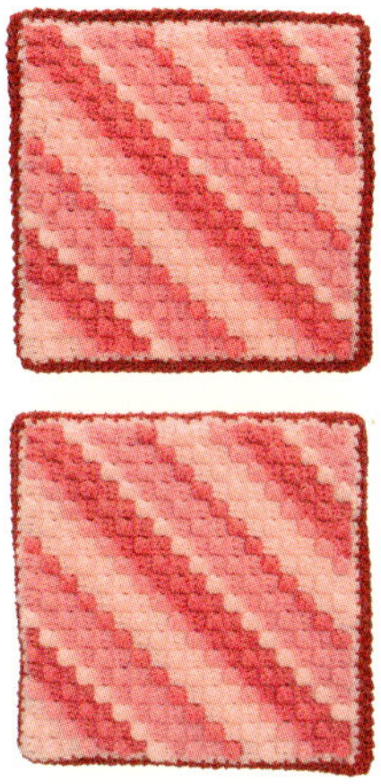

**M** 계단 모양 방석
**사진** 20 페이지
**뜨는 방법** 56 페이지

**N** 잎사귀 방석
**사진** 21 페이지
**뜨는 방법** 60 페이지

**O** 퍼 방석
**사진** 22 페이지
**뜨는 방법** 58 페이지

**P**
**-1**
팝콘 모양을 떠 넣은 방석
**사진** 23 페이지
**뜨는 방법** 33 페이지

**P**
**-2**
팝콘 모양을 떠 넣은 방석
**사진** 23 페이지
**뜨는 방법** 33 페이지

**Q**
**-1**
제비꽃 모티프 방석
**사진** 24 페이지
**뜨는 방법** 62 페이지

**Q**
**-2**
제비꽃 모티프 방석
**사진** 25 페이지
**뜨는 방법** 62 페이지

**R** 배색 모티프 방석
**사진** 26 페이지
**뜨는 방법** 68 페이지

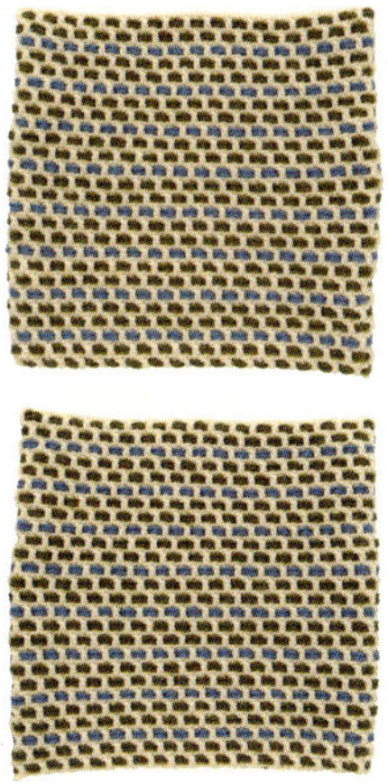

**S** 모눈뜨기 방석
**사진** 27 페이지
**뜨는 방법** 74 페이지

**T**
**-1**
풍차 모양 방석
**사진** 28 페이지
**뜨는 방법** 72 페이지

**T**
**-2**
풍차 모양 방석
**사진** 28 페이지
**뜨는 방법** 72 페이지

**U** 12각형 방석
**사진** 29 페이지
**뜨는 방법** 69 페이지

# P  팝콘 모양을 떠 넣은 방석 사진 23페이지

**실** 하마나카 점보니(50g 1볼)
    P-1: 회색(28) 250g
    P-2: 노란색(11) 250g
**바늘** 대나무 코바늘 8mm
**사이즈** 직경 38cm
**게이지** 팝콘뜨기 1단＝약 3cm 이상
**뜨는 방법** 실은 한 겹으로 뜬다.
**1** 실 끝을 링으로 만들고 무늬뜨기로 6단을 뜬다.

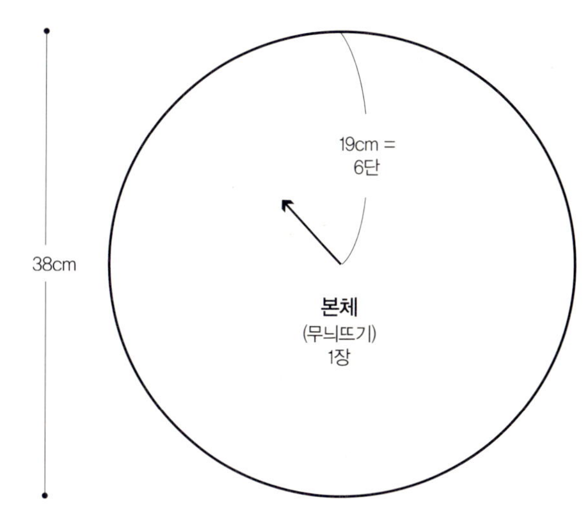


**본체의 코수**

| 단 | 코수 | 코 늘리는 방법 |
|---|---|---|
| 6 | 108코(36무늬) | 12코 줄임 |
| 5 | 120코(30무늬) | 각 단 24코<br>(6무늬)<br>늘임 |
| 4 | 96코(24무늬) | |
| 3 | 72코(18무늬) | |
| 2 | 48코(12무늬) | |
| 1 | 24코(6무늬) 떠 넣음 | |

**본체**
**(무늬뜨기)**

1무늬

⟋ = 실을 자른다

# A 달리아 방석 사진 4페이지

**실** 하마나카 보니(50g 1볼)
　오프화이트(442) 220g, 겨자색(491) 50g,
　올리브그린(493) 25g
**바늘** 코바늘 7.5/0호
**사이즈** 직경 44cm
**게이지** 한길긴뜨기 1단 – 약 2cm

**뜨는 방법** 실은 지정한 색을 한 겹으로 뜬다.
1 뒤판에는 실 끝을 링으로 만들고 ①무늬뜨기를 하는데 색을 바꾸면서 12단을 뜬다.
2 앞판도 실 끝을 링으로 만들고 ②무늬뜨기를 하는데 색을 바꾸면서 12단을 뜬다.
3 앞판과 뒤판을 안과 안끼리 맞대어 포개 붙이고 앞판 12단째부터 두 장을 같이 붙여 가장자리를 뜬다.

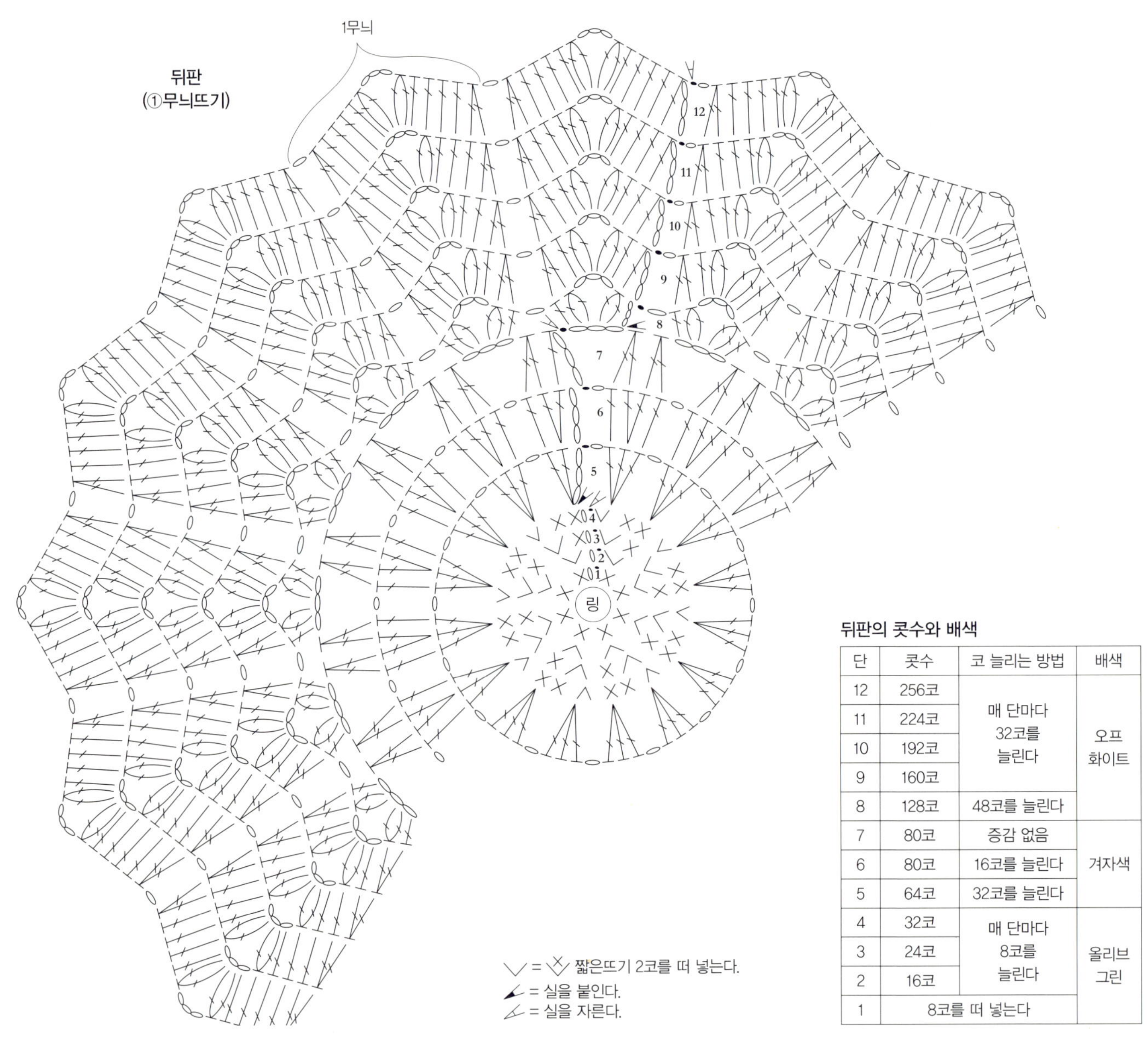


**뒤판의 콧수와 배색**

| 단 | 콧수 | 코 늘리는 방법 | 배색 |
|---|---|---|---|
| 12 | 256코 | 매 단마다 32코를 늘린다 | 오프 화이트 |
| 11 | 224코 | | |
| 10 | 192코 | | |
| 9 | 160코 | | |
| 8 | 128코 | 48코를 늘린다 | |
| 7 | 80코 | 증감 없음 | 겨자색 |
| 6 | 80코 | 16코를 늘린다 | |
| 5 | 64코 | 32코를 늘린다 | |
| 4 | 32코 | 매 단마다 8코를 늘린다 | 올리브 그린 |
| 3 | 24코 | | |
| 2 | 16코 | | |
| 1 | 8코를 떠 넣는다 | | |

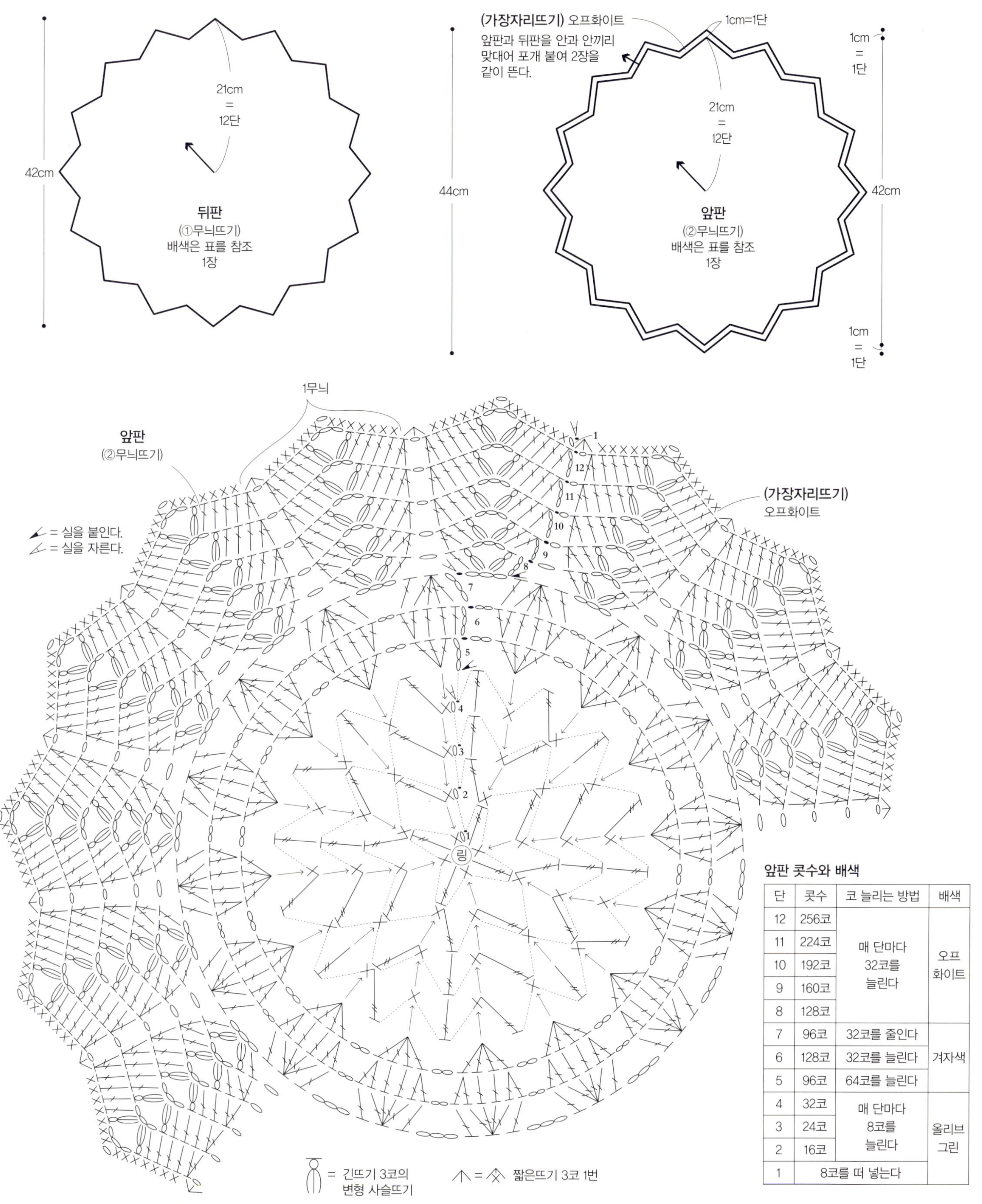


**앞판 콧수와 배색**

| 단 | 콧수 | 코 늘리는 방법 | 배색 |
|---|---|---|---|
| 12 | 256코 | 매 단마다 32코를 늘린다 | 오프 화이트 |
| 11 | 224코 | | |
| 10 | 192코 | | |
| 9 | 160코 | | |
| 8 | 128코 | | |
| 7 | 96코 | 32코를 줄인다 | 겨자색 |
| 6 | 128코 | 32코를 늘린다 | |
| 5 | 96코 | 64코를 늘린다 | |
| 4 | 32코 | 매 단마다 8코를 늘린다 | 올리브 그린 |
| 3 | 24코 | | |
| 2 | 16코 | | |
| 1 | 8코를 떠 넣는다 | | |

# B 마거리트 쿠션 사진 5 페이지

**실** 하마나카 보니(50g 1볼)
　베이지(417) 300g
**바늘** 코바늘 8/0호
**그 외** 너비 40cm, 두께 5cm의 우레탄 쿠션
**사이즈** 직경 34cm
**게이지** 한길긴뜨기 1단 – 약 1.9cm

**뜨는 방법** 실은 지정한 색을 한 겹으로 뜬다.
1 우레탄 쿠션을 직경 34cm로 잘라 바깥 둘레를 찌부러뜨리며 시침 실로 휘갑치기한다.
2 앞판, 뒤판은 각각 실 끝을 링으로 만들고 한길긴뜨기로 그림처럼 늘리며 뜬다.
3 꽃 모티프는 사슬 6코로 링을 만들고 그림처럼 35장을 뜬다.
4 앞판, 뒤판을 안과 안끼리 맞대어 포개고 우레탄 쿠션을 넣어 빼뜨기로 뜬다.
5 꽃 모티프를 붙이는 위치를 기준으로 균형 있게 꽃 모티프를 앞판에 붙인다.

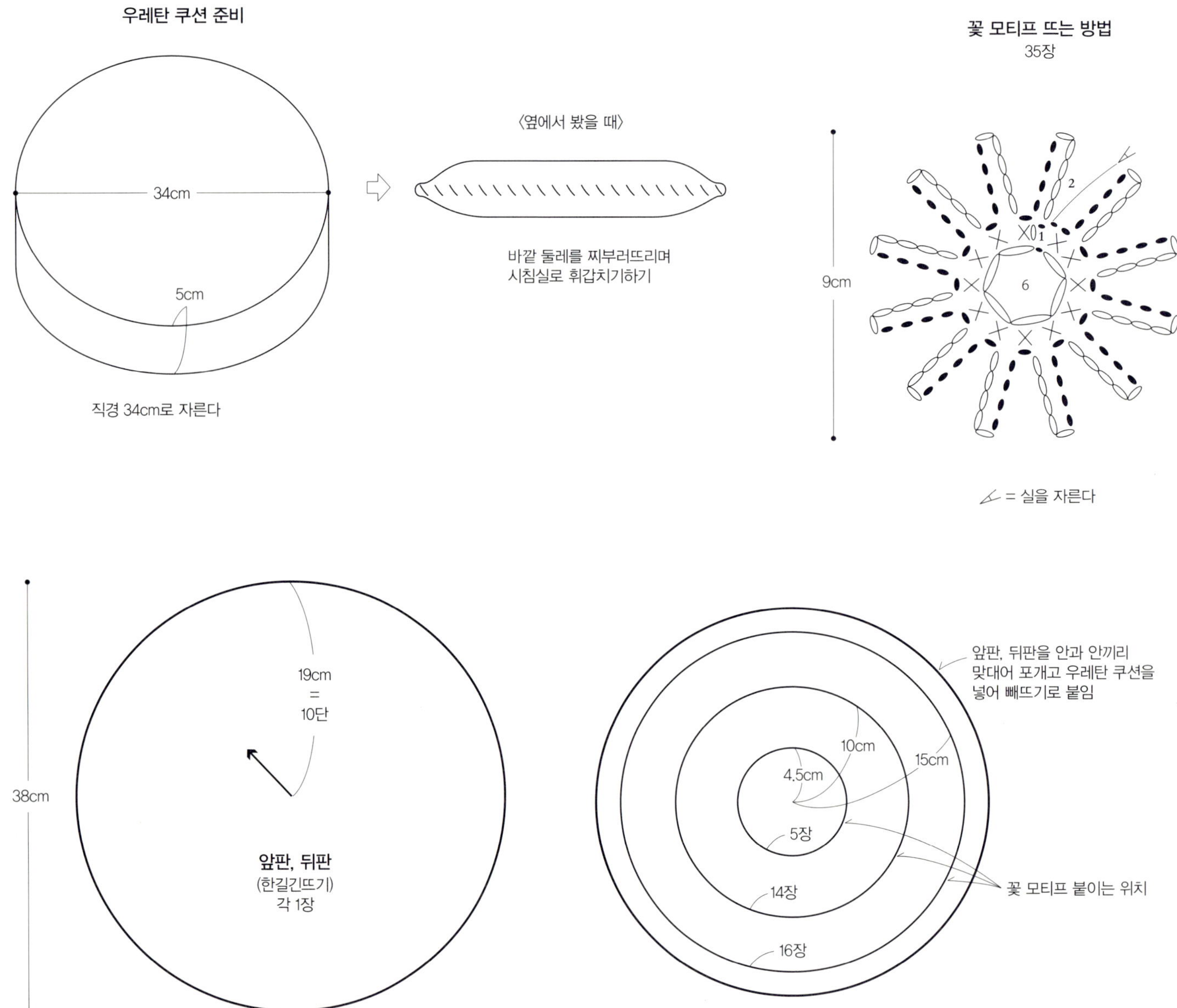

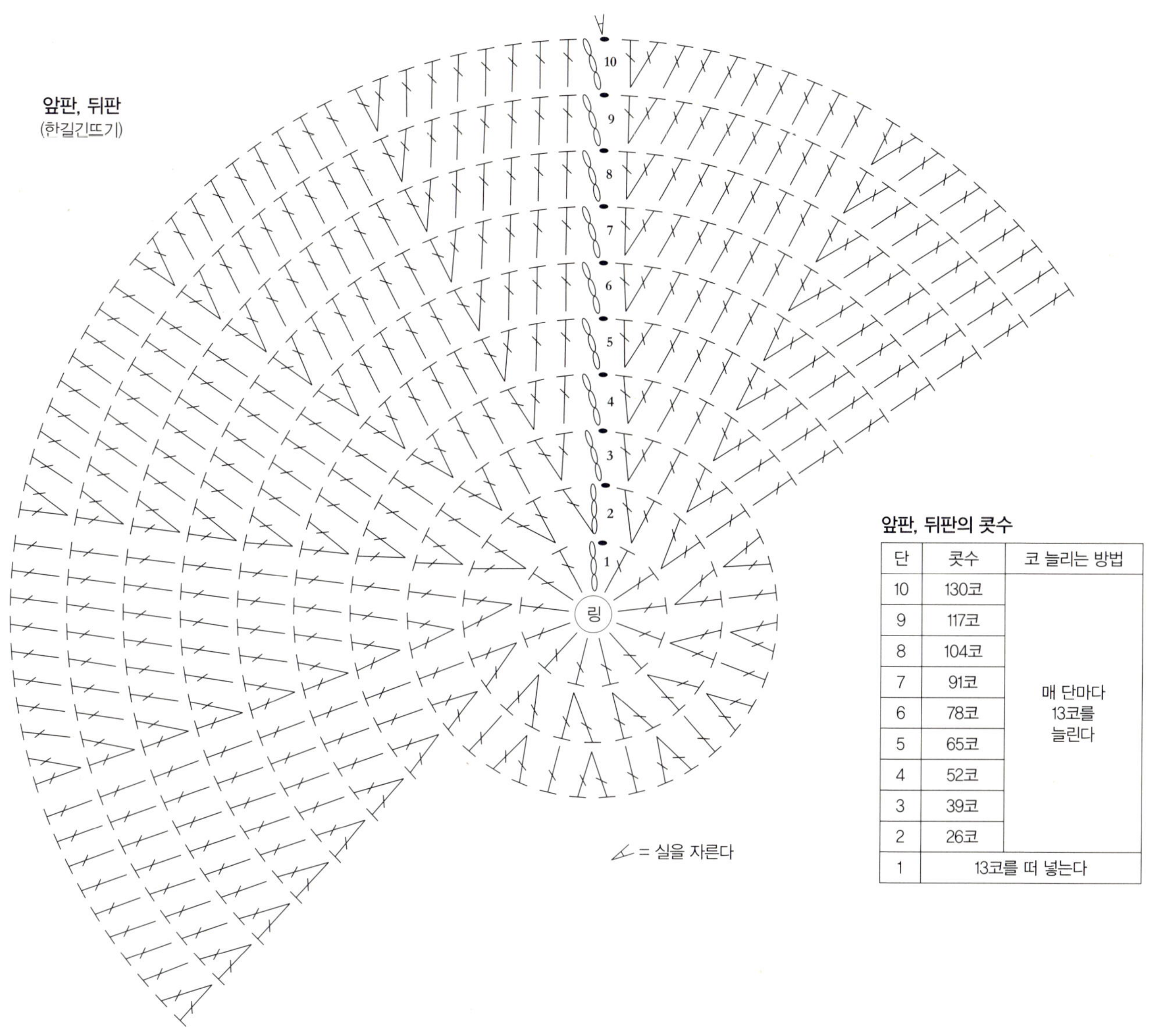

**앞판, 뒤판의 콧수**

| 단 | 콧수 | 코 늘리는 방법 |
|---|---|---|
| 10 | 130코 | |
| 9 | 117코 | |
| 8 | 104코 | |
| 7 | 91코 | 매 단마다 |
| 6 | 78코 | 13코를 |
| 5 | 65코 | 늘린다 |
| 4 | 52코 | |
| 3 | 39코 | |
| 2 | 26코 | |
| 1 | 13코를 떠 넣는다 | |

# C 수레국화 방석 사진 6-7페이지

**실** 하마나카 보니 (50g 1볼)
   C-1: 짙은 갈색 (419) 220g, 겨자색 (491) 70g
   C-2: 와인레드 (464) 220g, 베이지 (417) 70g
   C-3: 터코이즈 그린 (498) 220g, 오프화이트 (442) 70g
**바늘** 코바늘 7.5/0호
**사이즈** 직경 42cm
**게이지** 한길긴뜨기 1단 = 약 1.5cm

**뜨는 방법** 실은 지정한 색을 한 겹으로 뜬다.
**1** 뒤판은 실 끝을 링으로 만들고 ②무늬뜨기로 색을 바꾸면서 14단을 뜬다.
**2** 앞판도 실 끝을 링으로 만들고 ①무늬뜨기로 색을 바꾸면서 16단을 뜬다.
**3** 앞판과 뒤판을 안과 안끼리 맞대어 포개 붙여 두 장을 함께 가장자리뜨기와 트리밍을 한다.

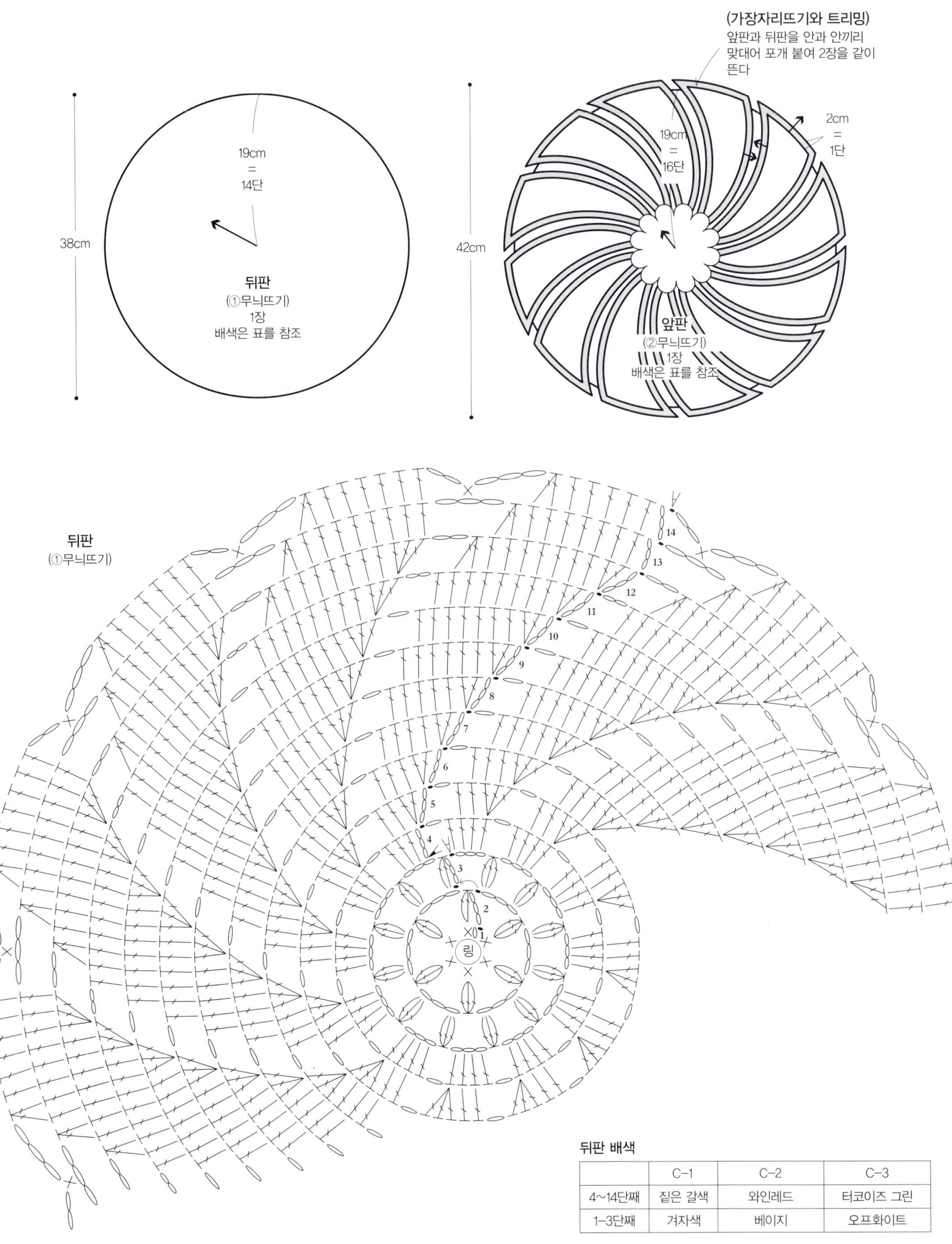


**뒤판 배색**

|  | C-1 | C-2 | C-3 |
| --- | --- | --- | --- |
| 4~14단째 | 짙은 갈색 | 와인레드 | 터코이즈 그린 |
| 1-3단째 | 겨자색 | 베이지 | 오프화이트 |

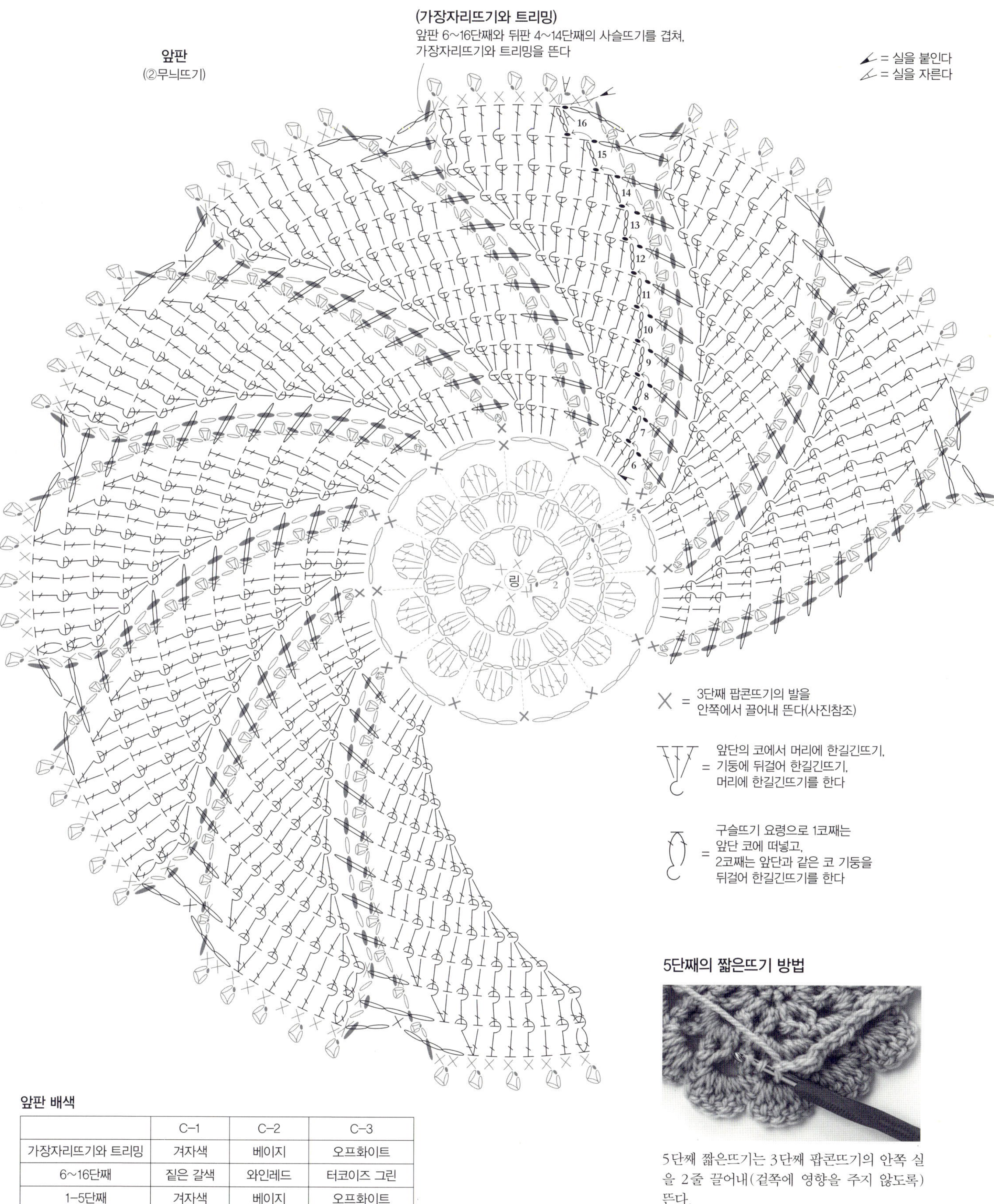


### 5단째의 짧은뜨기 방법

5단째 짧은뜨기는 3단째 팝콘뜨기의 안쪽 실을 2줄 끌어내(겉쪽에 영향을 주지 않도록) 뜬다.

**앞판 배색**

| | C-1 | C-2 | C-3 |
| --- | --- | --- | --- |
| 가장자리뜨기와 트리밍 | 겨자색 | 베이지 | 오프화이트 |
| 6~16단째 | 짙은 갈색 | 와인레드 | 터코이즈 그린 |
| 1~5단째 | 겨자색 | 베이지 | 오프화이트 |

# D 컬러풀 모티프 방석 사진 8-9페이지

**실** 하마나카 보니(50g 1볼)
    D-1: 하늘색(439) 140g, 터코이즈 그린(498) 120g,
    노란색(416) 80g, 오프화이트(442) 60g
    D-2: 옅은 보라색(496) 140g, 붉은 보라색(499) 120g,
    옅은 핑크(405) 80g, 오프화이트(442) 60g
    P.1-오른쪽: 옅은 핑크(405) 140g, 와인레드(464) 120g
    오렌지색(454) 80g, 오프화이트(442) 60g
**바늘** 코바늘 7.5/0호
**사이즈** 직경 47cm × 42cm
**모티프 크기** 직경 9cm

**뜨는 방법** 실은 지정한 색을 한 겹으로 뜬다.
1. 모티프는 실 끝을 링으로 만들고 그림처럼 뜬다. 2장째부터는 마지막 단에서 이으면서 뜨고 주위에 가장자리뜨기를 한다.
2. 마찬가지로 또 한 장을 더 뜬다.
3. 앞판과 뒤판을 안과 안끼리 맞대어 포개 붙여 2장을 같이 빼뜨기로 뜬다.

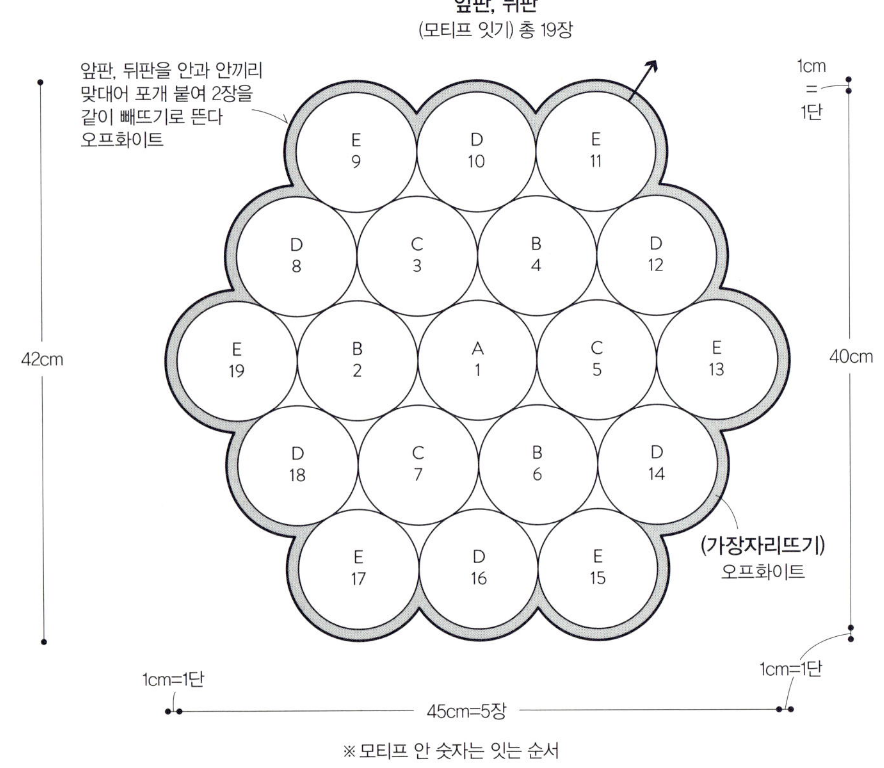


※ 모티프 안 숫자는 잇는 순서

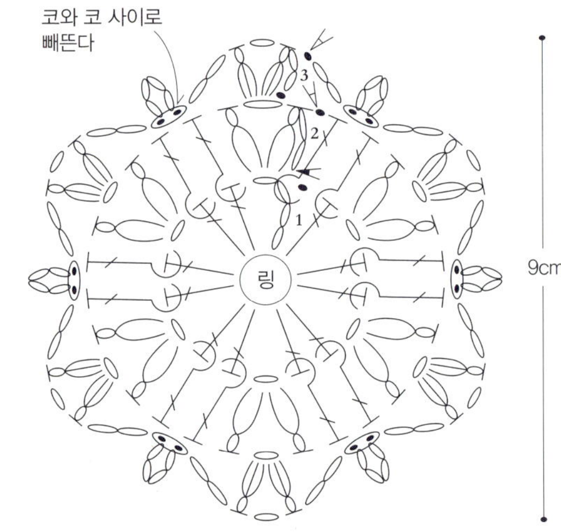


### 모티프의 배색과 장 수

| 모티프 | 단 | D-1 | D-2 | P.1 오른쪽 |
|---|---|---|---|---|
| A 2장 | 1-3단째 | 오프화이트 | 오프화이트 | 오프화이트 |
|  | 2단째 | 노란색 | 옅은 핑크 | 오렌지색 |
| B 6장 | 1-3단째 | 노란색 | 옅은 핑크 | 오렌지색 |
|  | 2단째 | 오프화이트 | 오프화이트 | 오프화이트 |
| C 6장 | 1-3단째 | 노란색 | 옅은 핑크 | 오렌지색 |
|  | 2단째 | 하늘색 | 옅은 보라색 | 옅은 핑크 |
| D 12장 | 1-3단째 | 하늘색 | 옅은 보라색 | 옅은 핑크 |
|  | 2단째 | 터코이즈 그린 | 붉은 보라색 | 와인레드 |
| E 12장 | 1-3단째 | 터코이즈 그린 | 붉은 보라색 | 와인레드 |
|  | 2단째 | 하늘색 | 옅은 보라색 | 옅은 핑크 |

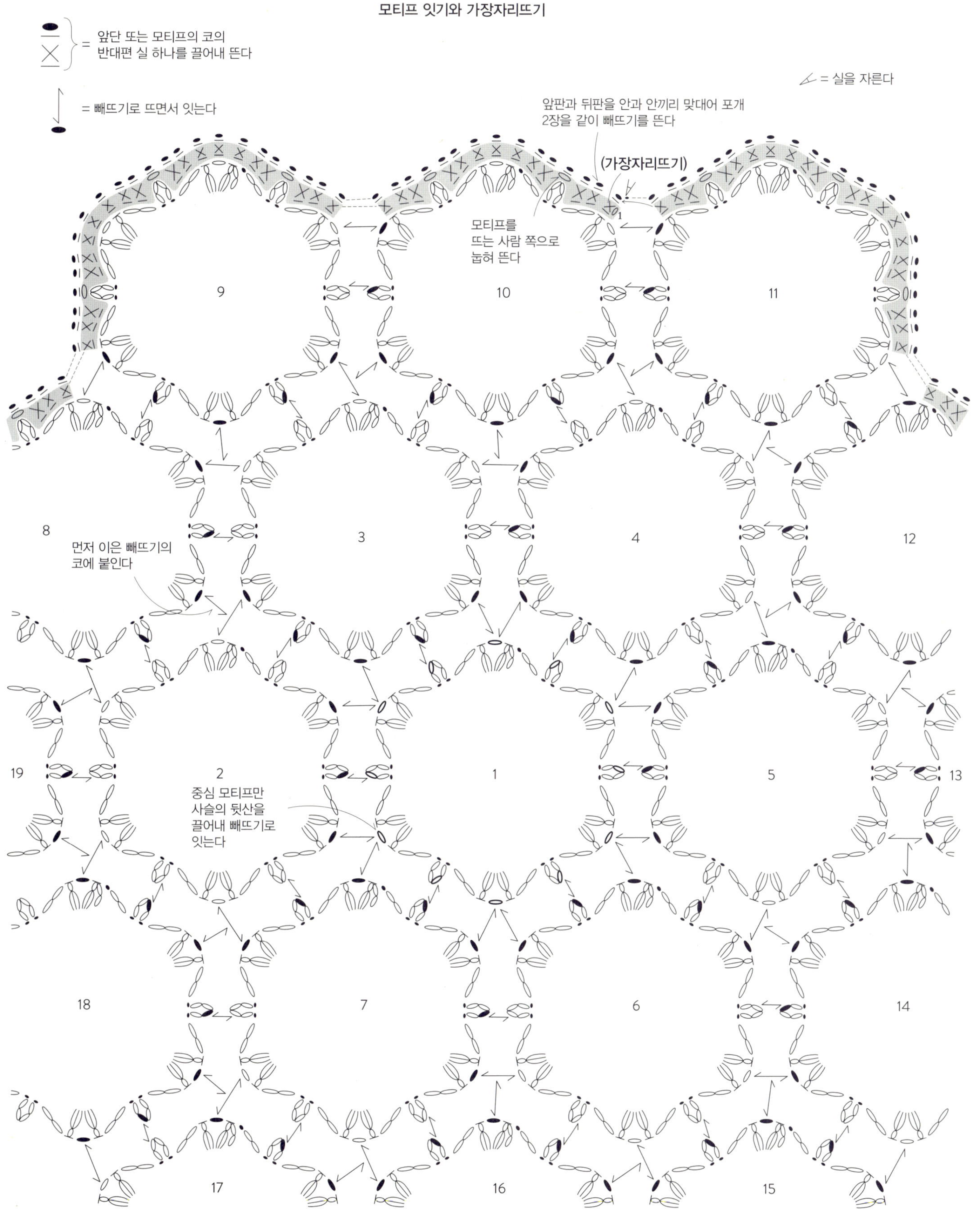
= 앞단 또는 모티프의 코의
반대편 실 하나를 끌어내 뜬다
= 빼뜨기로 뜨면서 잇는다
= 실을 자른다
앞판과 뒤판을 안과 안끼리 맞대어 포개
2장을 같이 빼뜨기를 뜬다
(가장자리뜨기)
모티프를
뜨는 사람 쪽으로
눕혀 뜬다
먼저 이은 빼뜨기의
코에 붙인다
중심 모티프만
사슬의 뒷산을
끌어내 빼뜨기로
잇는다
9
10
11
8
3
4
12
19
2
1
5
13
18
7
6
14
17
16
15

# E 도일리풍 방석 사진 10–11페이지

**실** 하마나카 보니(50g 1볼)
　　E-1:옅은 갈색(480) 270g, 연지색(450) 40g
　　E-2: 겨자색(491) 270g, 오프화이트(442) 40g
**바늘** 코바늘 7.5/0호
**사이즈** 그림 참조
**게이지** 한길긴뜨기 1단 = 약 1.6cm

**뜨는 방법** 실은 지정한 색을 한 겹으로 뜬다.
1 뒤판은 실 끝을 링으로 만들고 짧은뜨기를 8코 떠 넣고 ①무늬뜨기로 그림처럼 뜬다.
2 앞판도 실 끝을 링으로 만들고 ②무늬뜨기로 그림처럼 뜬다.
3 앞판과 뒤판을 안과 안끼리 맞대어 포개 붙여 그림처럼 사슬뜨기와 빼뜨기로 2장을 같이 붙여 뜬다.
4 2장의 주위로 가장자리뜨기를 한다.

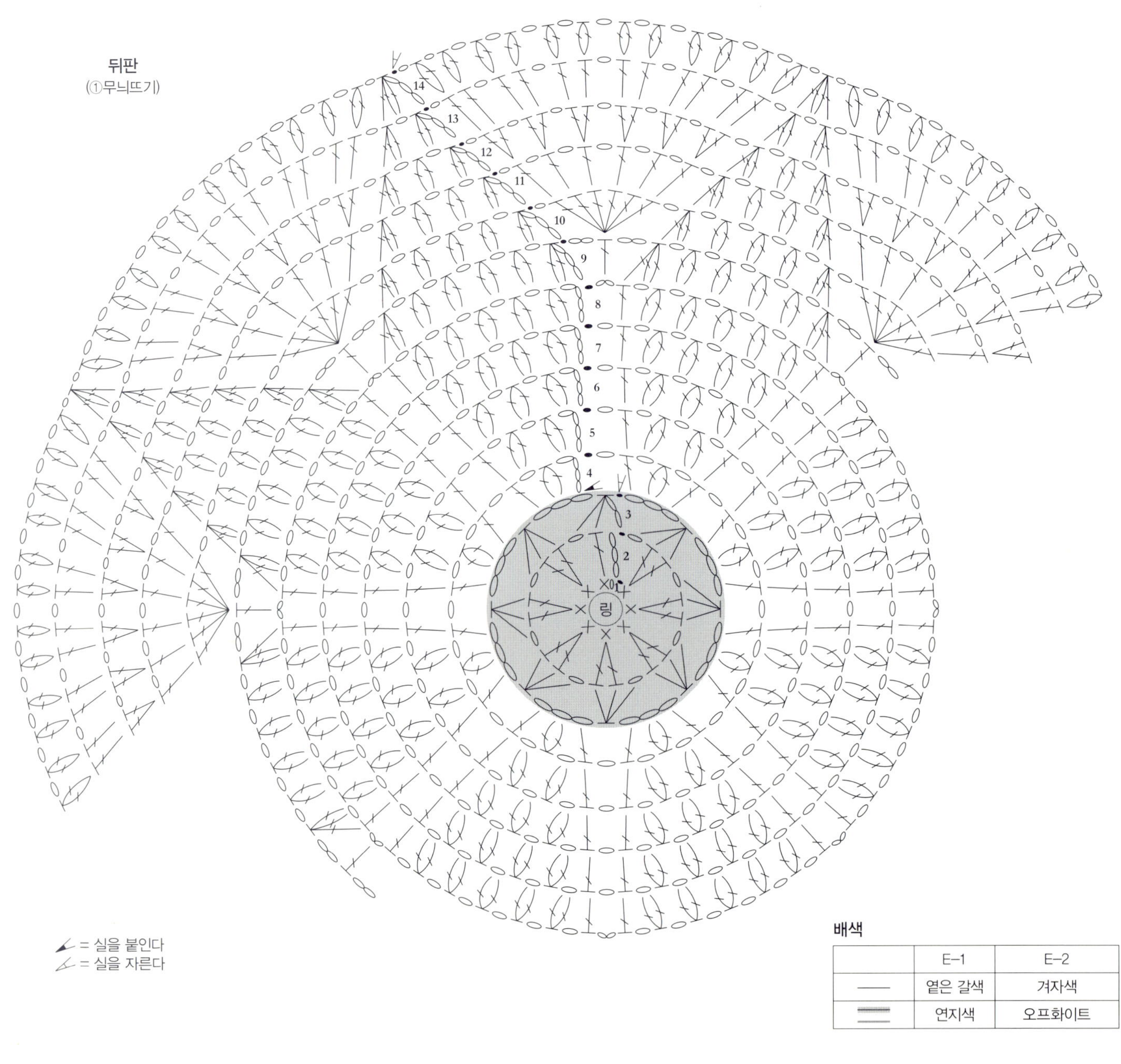


**배색**

|  | E-1 | E-2 |
| --- | --- | --- |
| —— | 옅은 갈색 | 겨자색 |
| ══ | 연지색 | 오프화이트 |

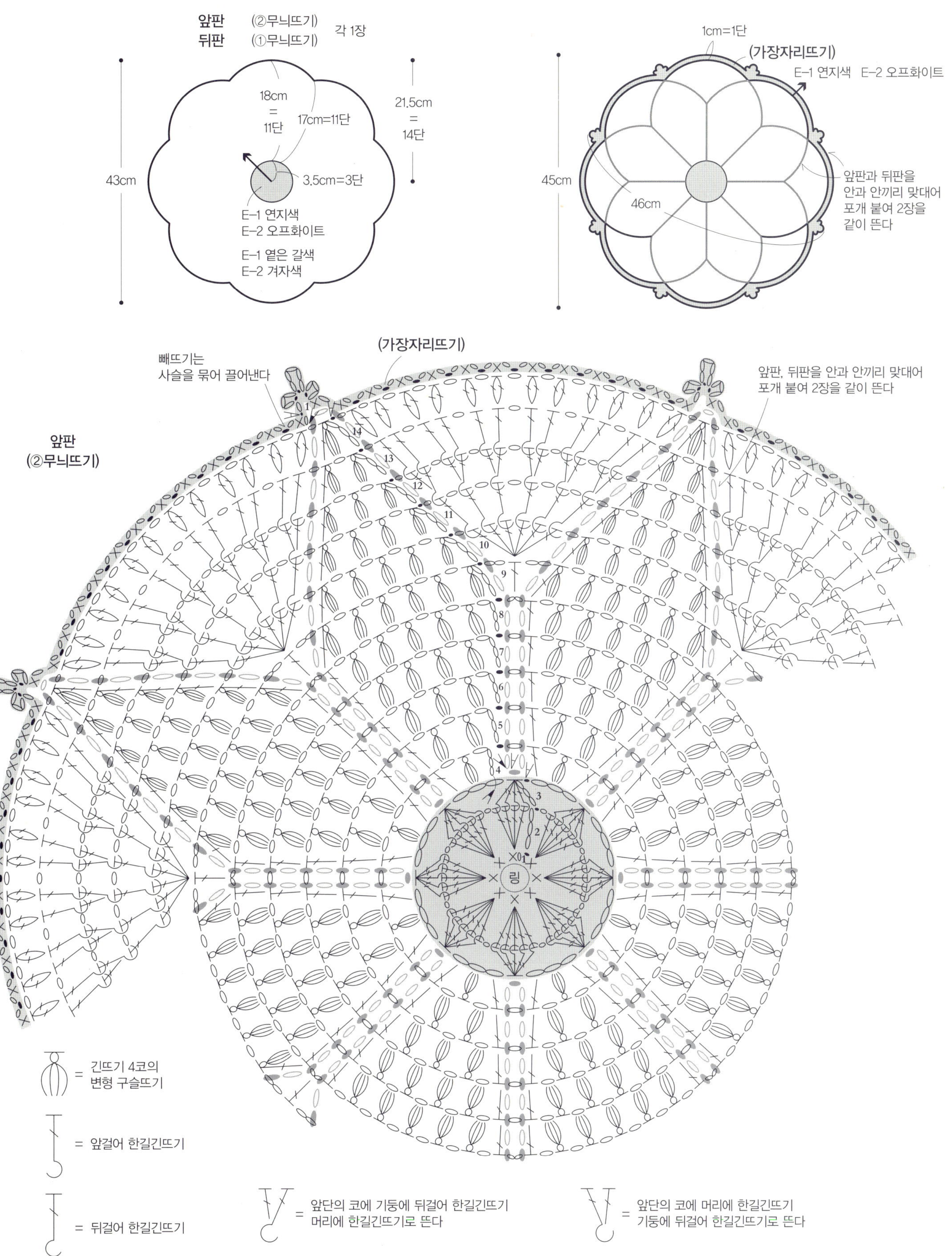

앞판 (②무늬뜨기)
뒤판 (①무늬뜨기)
각 1장
18cm = 11단
17cm=11단
21.5cm = 14단
43cm
3.5cm=3단
E-1 연지색
E-2 오프화이트
E-1 옅은 갈색
E-2 겨자색
1cm=1단
(가장자리뜨기)
E-1 연지색   E-2 오프화이트
45cm
46cm
앞판과 뒤판을 안과 안끼리 맞대어 포개 붙여 2장을 같이 뜬다
빼뜨기는 사슬을 묶어 끌어낸다
(가장자리뜨기)
앞판, 뒤판을 안과 안끼리 맞대어 포개 붙여 2장을 같이 뜬다
앞판 (②무늬뜨기)
링
= 긴뜨기 4코의 변형 구슬뜨기
= 앞걸어 한길긴뜨기
= 뒤걸어 한길긴뜨기
= 앞단의 코에 기둥에 뒤걸어 한길긴뜨기 머리에 한길긴뜨기로 뜬다
= 앞단의 코에 머리에 한길긴뜨기 기둥에 뒤걸어 한길긴뜨기로 뜬다

# F 집 모양 방석 사진 12페이지

**실** 하마나카 보니(50g 1볼)
　　베이지(417) 120g, 연지색(450) 100g, 짙은 갈색(419) 15g,
　　노란색(416) 5g
**바늘** 코바늘 8/0 호
**사이즈** 그림 참조
**게이지** ①무늬뜨기 13코=10cm, 4무늬(8단)=9.5cm
　　　　②무늬뜨기 14코=10cm, 8단=9.5cm

**뜨는 방법** 실은 지정한 색을 한 겹으로 뜬다.
1　사슬 48코를 만들고 코 양쪽에서 코줍기하여 배색무늬와 ①, ② 무늬뜨기로 주머니 모양으로 뜬다.
2　앞판과 뒤판을 빼뜨기로 잇는다.

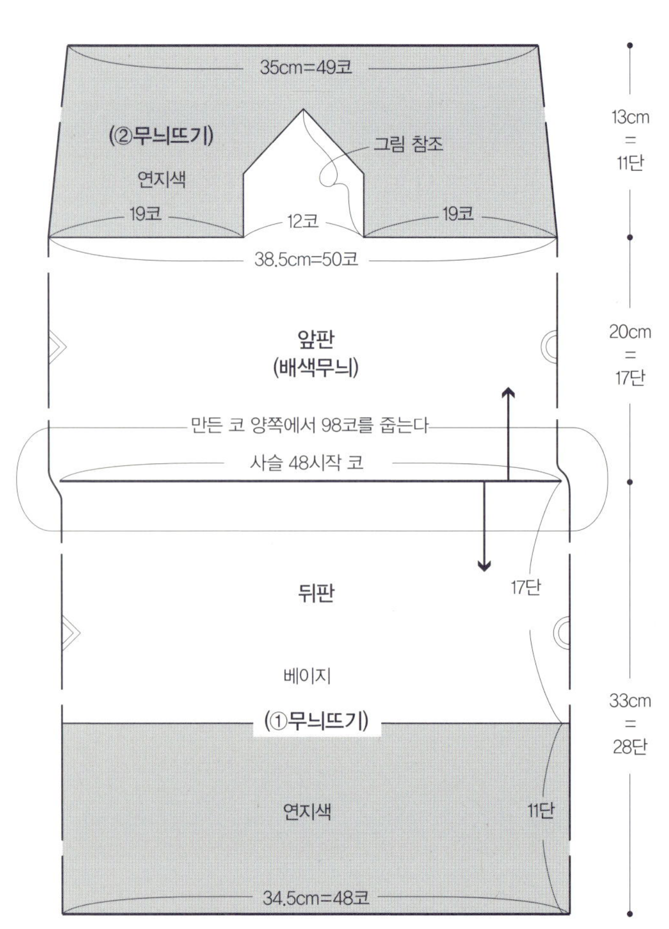


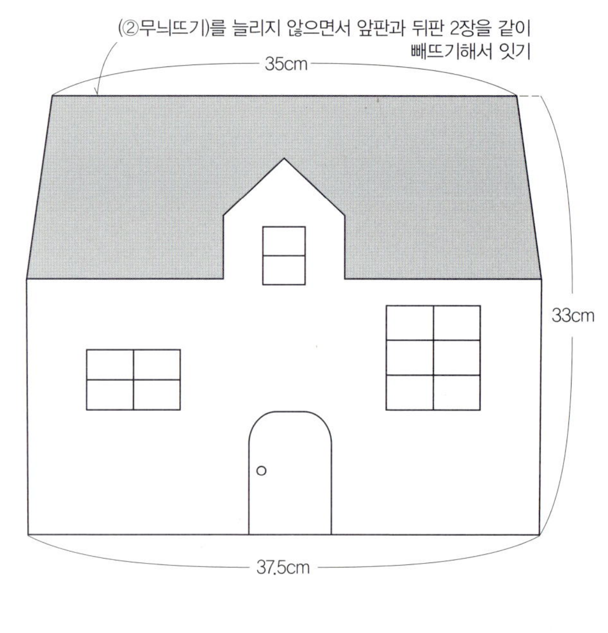

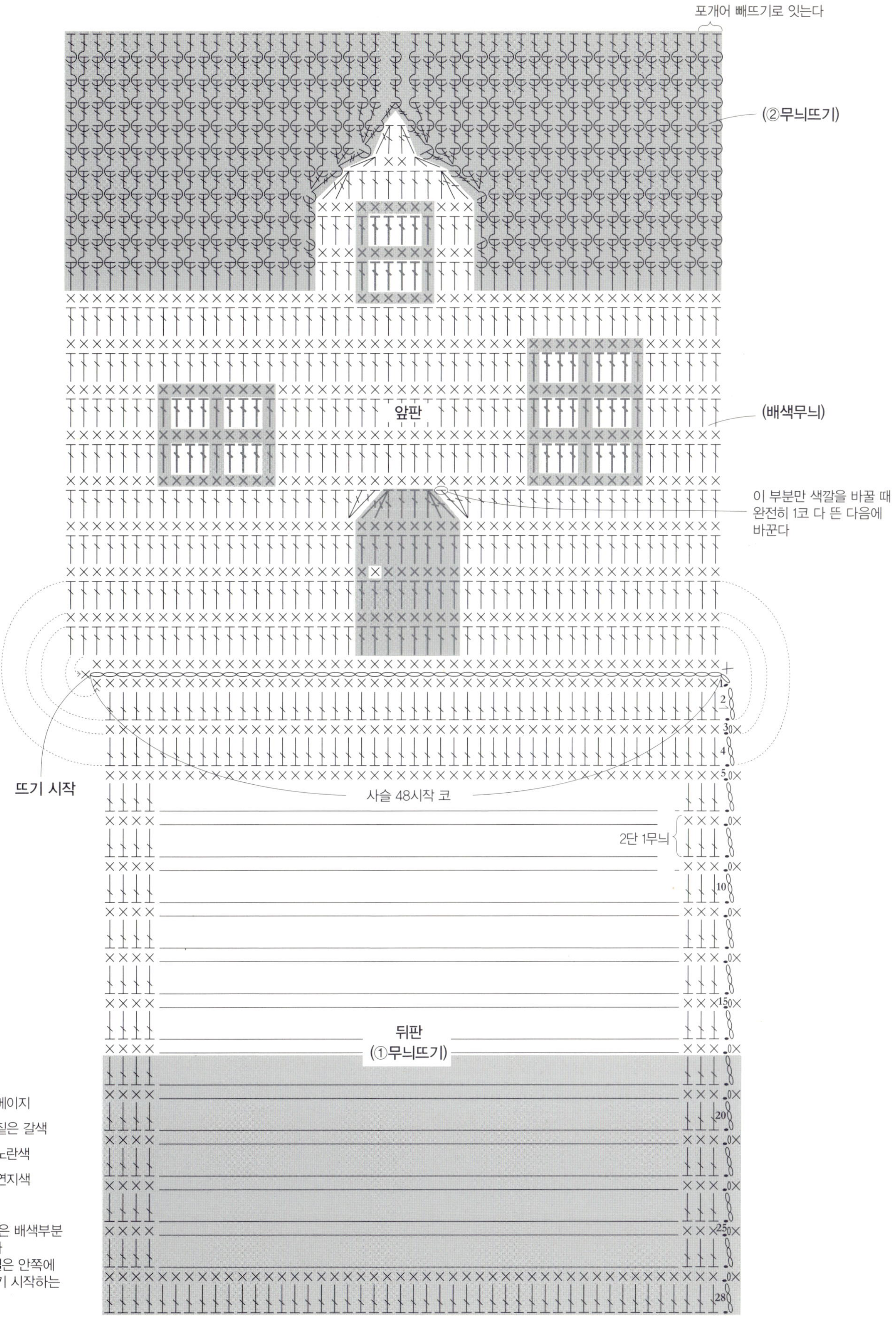
포개어 빼뜨기로 잇는다
(②무늬뜨기)
앞판
(배색무늬)
이 부분만 색깔을 바꿀 때 완전히 1코 다 뜬 다음에 바꾼다
뜨기 시작
사슬 48시작 코
2단 1무늬
뒤판
(①무늬뜨기)
1
2
3
4
5
10
15
20
25
28

—— = 베이지
—— = 짙은 갈색
—— = 노란색
—— = 연지색

- 배색무늬 바탕실은 배색부분의 안쪽에 넣는다
- 배색무늬 배색 실은 안쪽에 넣어 다음 단 뜨기 시작하는 쪽으로 뺀다

# G 비스킷 방석 사진 13페이지

**실** 하마나카 보니(50g 1볼)
　　탁한 오렌지색(482) 330g
**바늘** 코바늘 8/0호
**사이즈** 직경 40cm
**게이지** 한길긴뜨기 1단 = 약 1.5cm

**뜨는 방법** 실은 지정한 색을 한 겹으로 뜬다.
1 앞판, 뒤판은 각각 실 끝을 링으로 만들고 무늬뜨기로 13단을 뜬다.
2 안쪽은 실 끝을 링으로 만들고 한길긴뜨기로 12단을 뜬다.
3 앞판, 안쪽, 뒤판을 그림처럼 겹쳐 중앙을 세 장 같이 실로 꿰매둔다.
4 앞판과 뒤판 2장을 같이 가장자리뜨기로 뜬다.

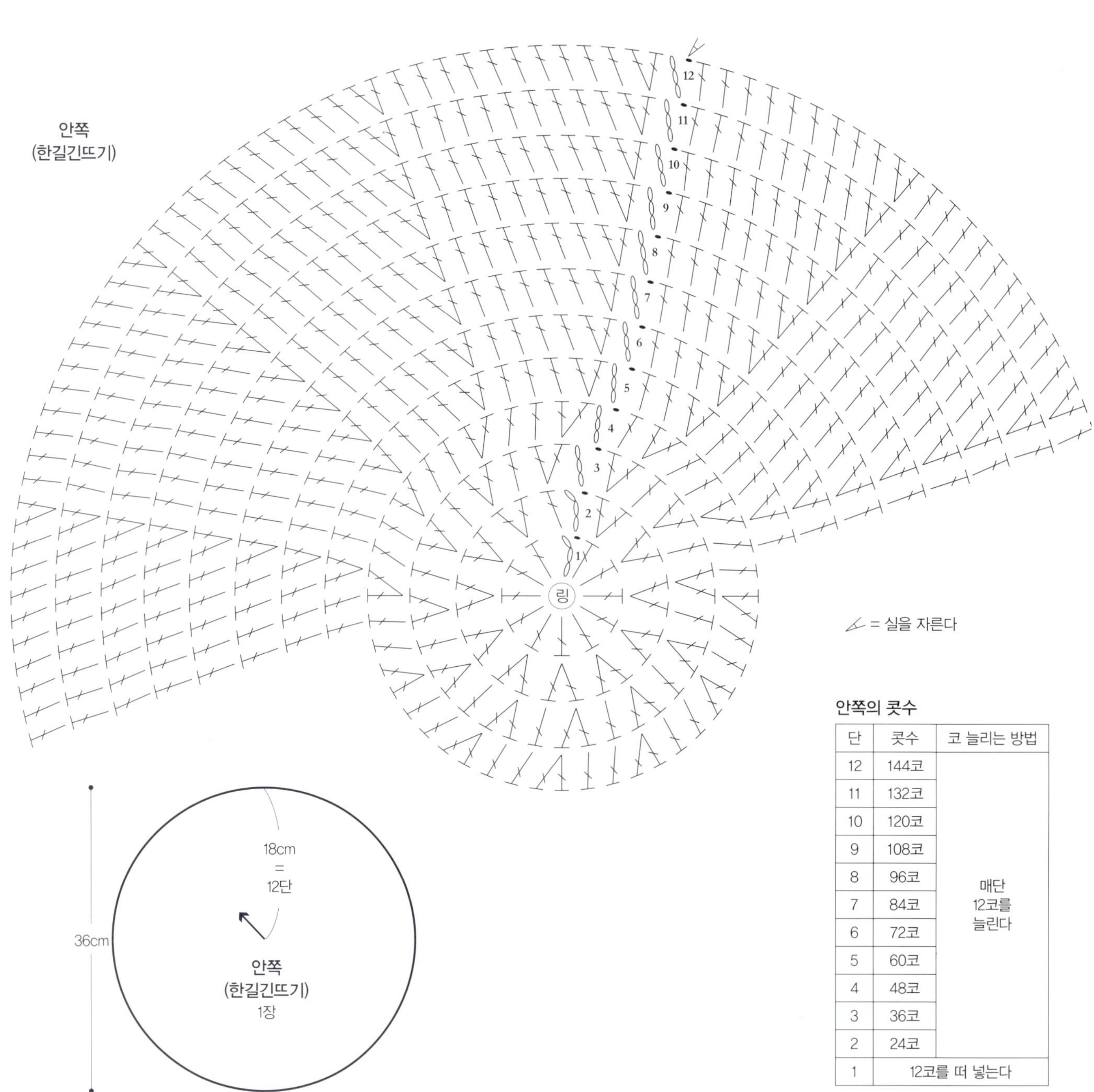


**안쪽의 콧수**

| 단 | 콧수 | 코 늘리는 방법 |
|---|---|---|
| 12 | 144코 | |
| 11 | 132코 | |
| 10 | 120코 | |
| 9 | 108코 | |
| 8 | 96코 | |
| 7 | 84코 | 매단 |
| 6 | 72코 | 12코를 |
| 5 | 60코 | 늘린다 |
| 4 | 48코 | |
| 3 | 36코 | |
| 2 | 24코 | |
| 1 | 12코를 떠 넣는다 | |

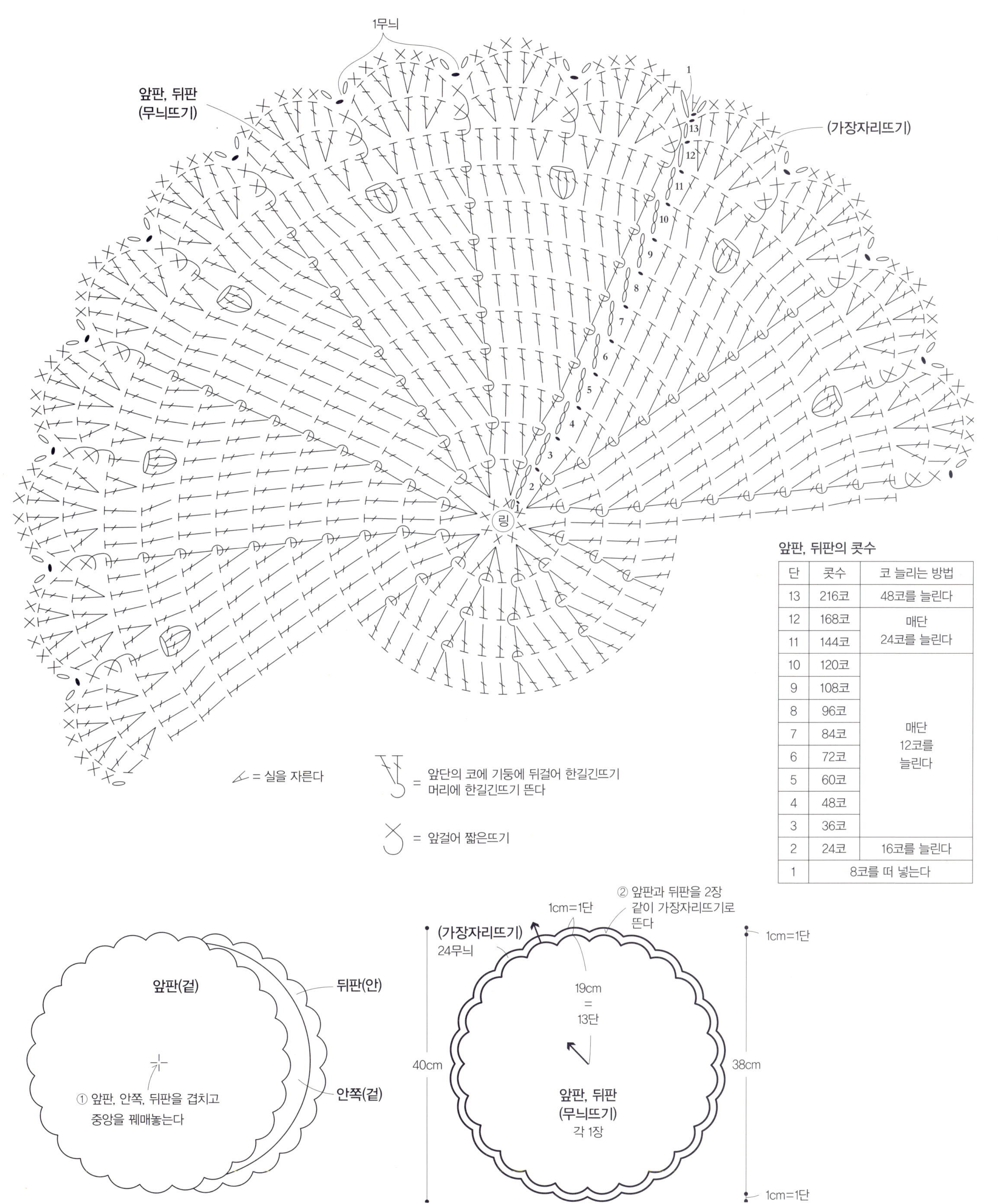


앞판, 뒤판의 콧수

| 단 | 콧수 | 코 늘리는 방법 |
|---|---|---|
| 13 | 216코 | 48코를 늘린다 |
| 12 | 168코 | 매단 24코를 늘린다 |
| 11 | 144코 | |
| 10 | 120코 | 매단 12코를 늘린다 |
| 9 | 108코 | |
| 8 | 96코 | |
| 7 | 84코 | |
| 6 | 72코 | |
| 5 | 60코 | |
| 4 | 48코 | |
| 3 | 36코 | |
| 2 | 24코 | 16코를 늘린다 |
| 1 | 8코를 떠 넣는다 | |

# 2색 꽃 모티프 방석 사진 15페이지

**실** 하마나카 보니(50g 1볼)
 감색(473) 150g, 오프화이트(442) 110g
**바늘** 코바늘 7.5/0호
**사이즈** 43cm × 37cm
**게이지** 한길긴뜨기 1단 =1.7cm
**모티프 크기** 직경 8.5cm 이상

**뜨는 방법** 실은 지정한 색을 한 겹으로 뜬다.
1 뒤판은 실 끝을 링으로 만들고 한길긴뜨기로 10단 뜬다.
2 모티프는 실 끝을 링으로 만들고 지정색으로 그림처럼 뜬다.
 2장째부터 2단째에서 이으며 뜬다.
3 앞판과 뒤판 중심을 안과 안끼리 맞대어 포개 붙여 앞판 안에
 뒤판을 꿰맨다.

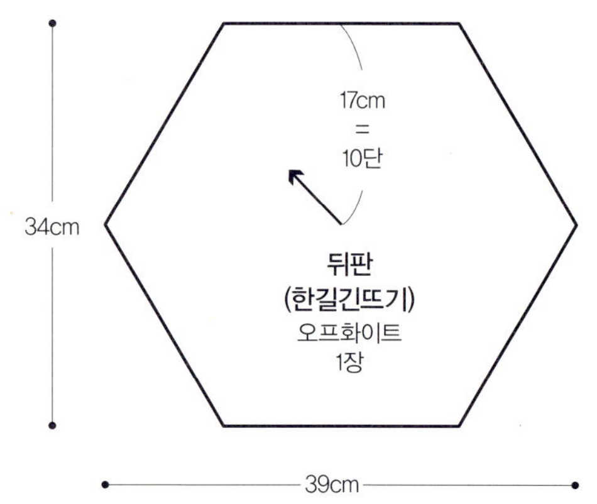


뒤판
(한길긴뜨기)

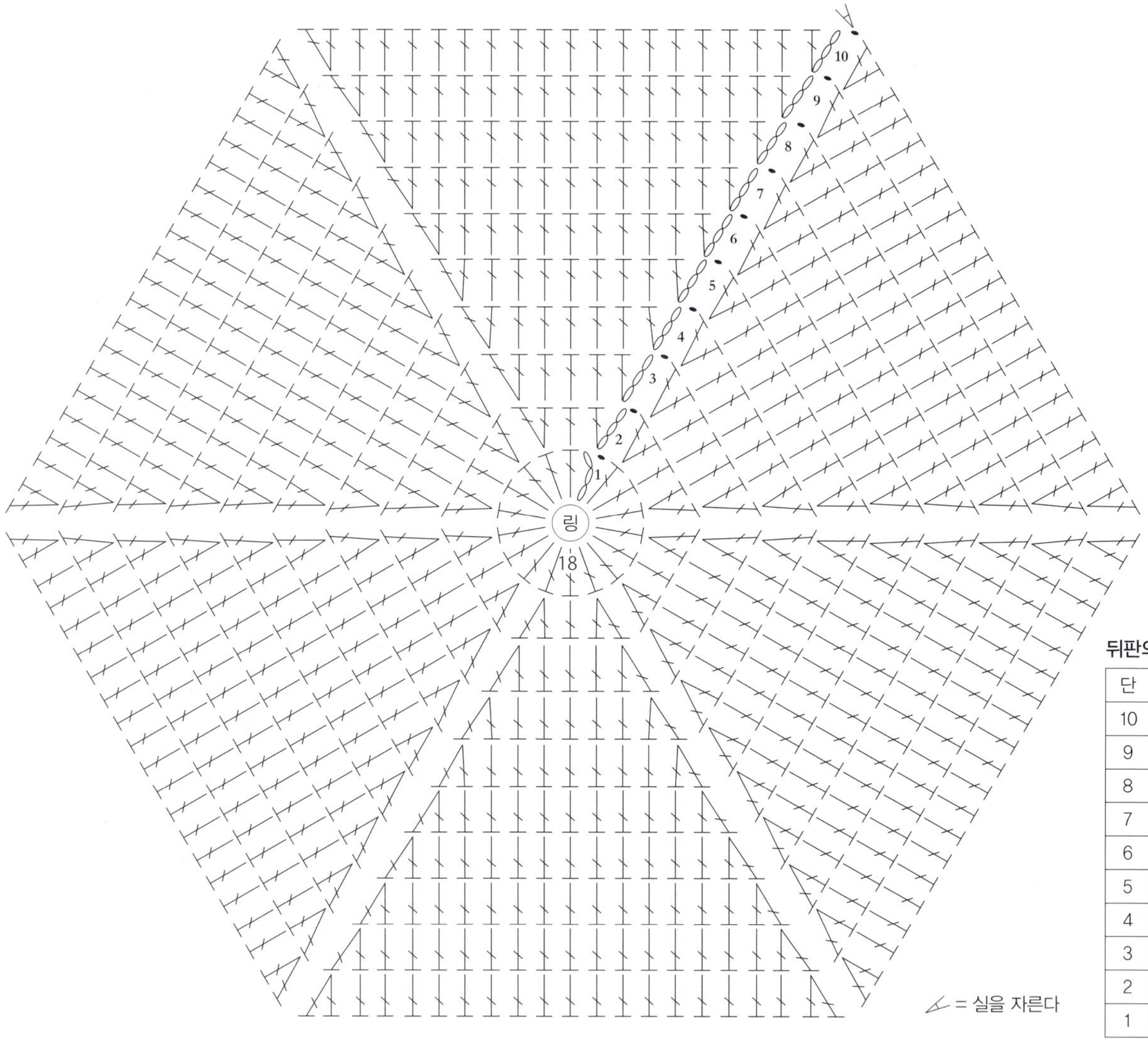

∠ = 실을 자른다

**뒤판의 콧수와 코 늘리는 방법**

| 단 | 콧수 | 코 늘리는 방법 |
|---|---|---|
| 10 | 126코 | |
| 9 | 114코 | |
| 8 | 102코 | |
| 7 | 90코 | |
| 6 | 78코 | 매단 12코를 늘린다 |
| 5 | 66코 | |
| 4 | 54코 | |
| 3 | 42코 | |
| 2 | 30코 | |
| 1 | 18코를 떠 넣는다 | |

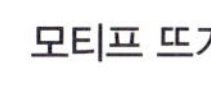

### 모티프 뜨기

### 앞판
### (모티프 잇기) 19장

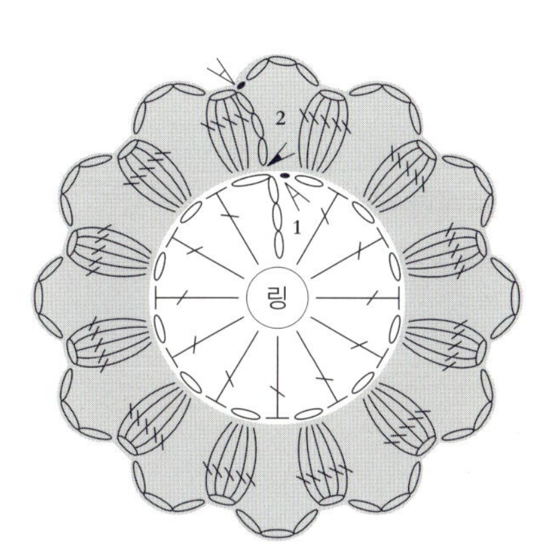

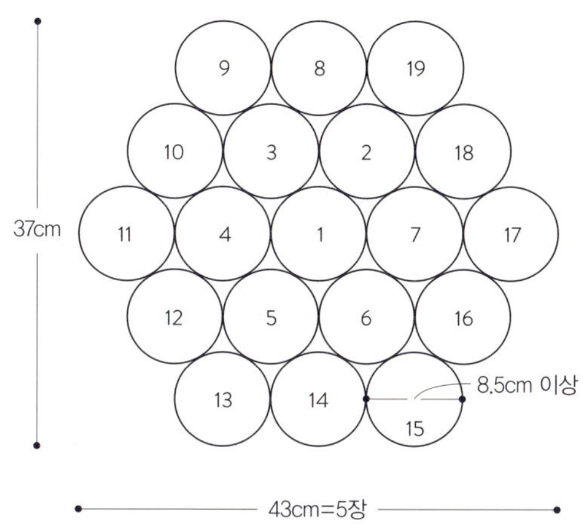

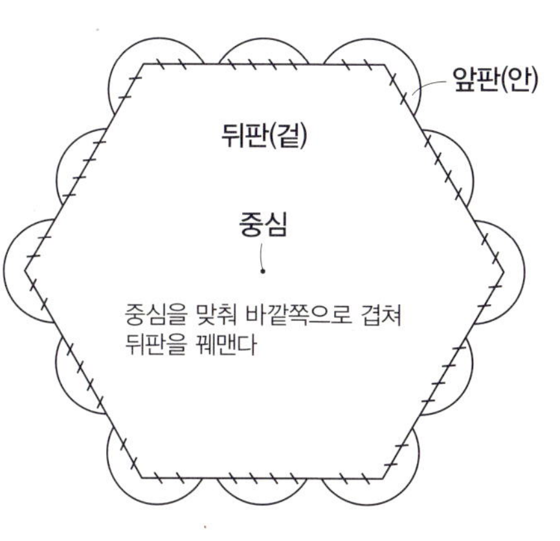

※ 모티프 안 숫자는 잇는 순서

——— = 오프화이트　　▬ = 감색

### 모티프 잇기

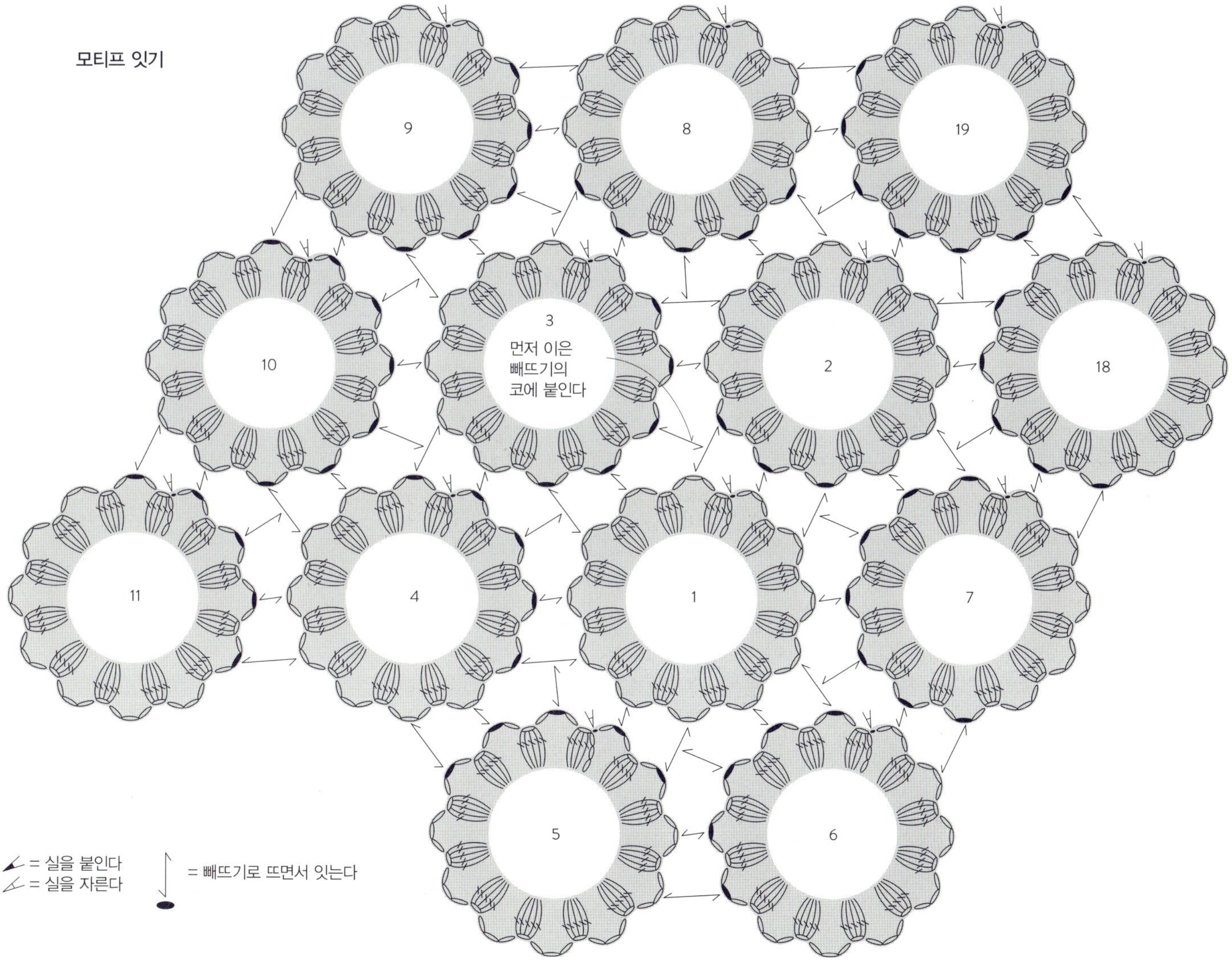

◢ = 실을 붙인다
◣ = 실을 자른다
= 빼뜨기로 뜨면서 잇는다

# J 입체 꽃 모티프 방석 사진 16페이지

**실** 하마나카 보니(50g 1볼)
 애플 그린(492) 75g, 겨자색(491), 노란색(416), 옅은 오렌지색(433),
 로즈핑크(489), 탁한 오렌지색(482), 올리브그린(493) 각 50g, 모스그
 린(494) 30g
**바늘** 코바늘 8/0호
**사이즈** 43cm 사각형
**모티프 크기** 8cm 사각형

**뜨는 방법** 실은 지정한 색을 한 겹으로 뜬다.

1 모티프는 사슬 5코로 링을 만들고 3단째까지 뜨며 뒤판, 앞판을
 각각 2단째 루프에 떠 붙인다. 앞판을 뜰 때 모서리에서 뒤판과 잇
 는다.
2 모티프를 올리브그린으로 5장×5장 떠 잇는다.
3 주위에 가장자리뜨기를 하지만, 가장자리뜨기 4단째는 2단째에 빼
 뜨기를 한다.

---

**모티프 뜨기** ①~③ 순서로 25장 뜬다

① 중앙을 애플 그린으로 뜬다    ② 뒤판을 지정색으로 뜬다    ③ 앞판을 뒤판과 같은 색으로 뜬다

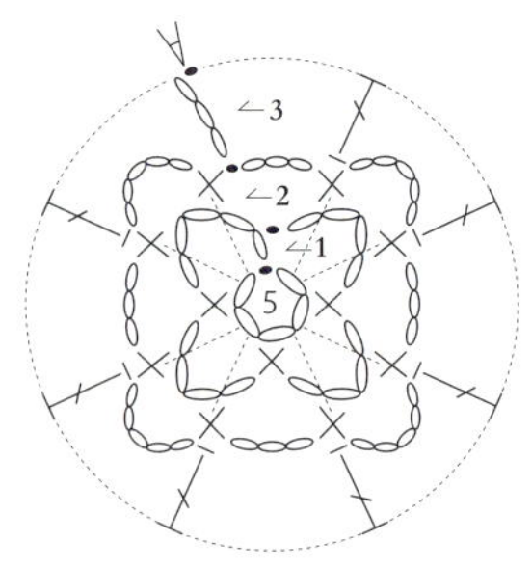

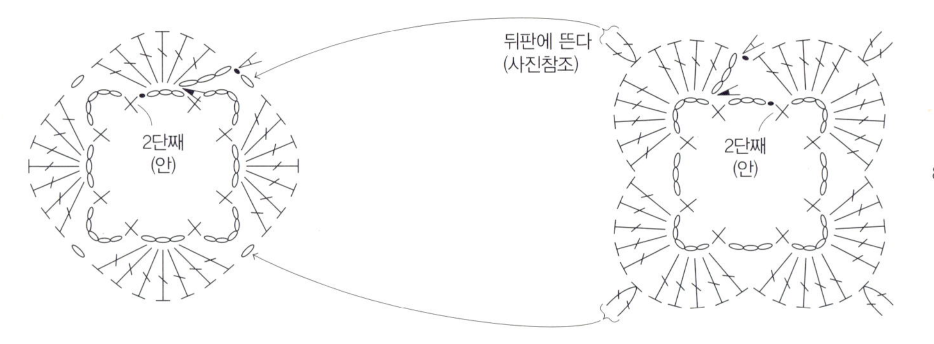



2단째는 1단째를 뜨는 사람 쪽으로
눕혀서 뜨고 3단째는 짧은뜨기코에
줄기뜨기로 한길긴뜨기를 뜬다

A 겨자색 B 노란색
C 옅은 오렌지색 D 로즈핑크
E 탁한 오렌지색 각각 5장씩 뜬다

↙ = 실을 붙인다
↘ = 실을 자른다

---

**모티프 뜨기**

1 애플 그린으로 모티프를 2단째까지 뜬 것

2 3단째를 뜨고 뒤집은 것. 따개비 같은 모양
 의 꽃술이 생긴다(이 면을 겉쪽으로 한다).

3 지정색으로 뒤판을 뜬다.

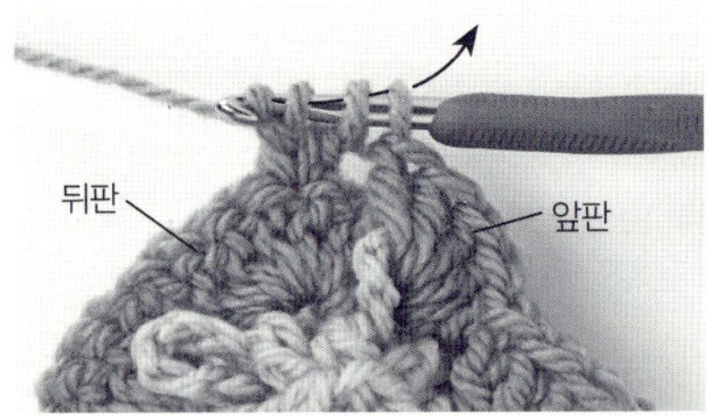



4 앞판의 한길긴뜨기 2코의 구슬뜨기는 먼
 저 뜬 뒤판에 떠서 붙인다.

5 앞판을 다 뜬 것. 앞판과 뒤판 양쪽에 꽃
 잎이 붙는다.

## 모티프 잇기와 가장자리뜨기

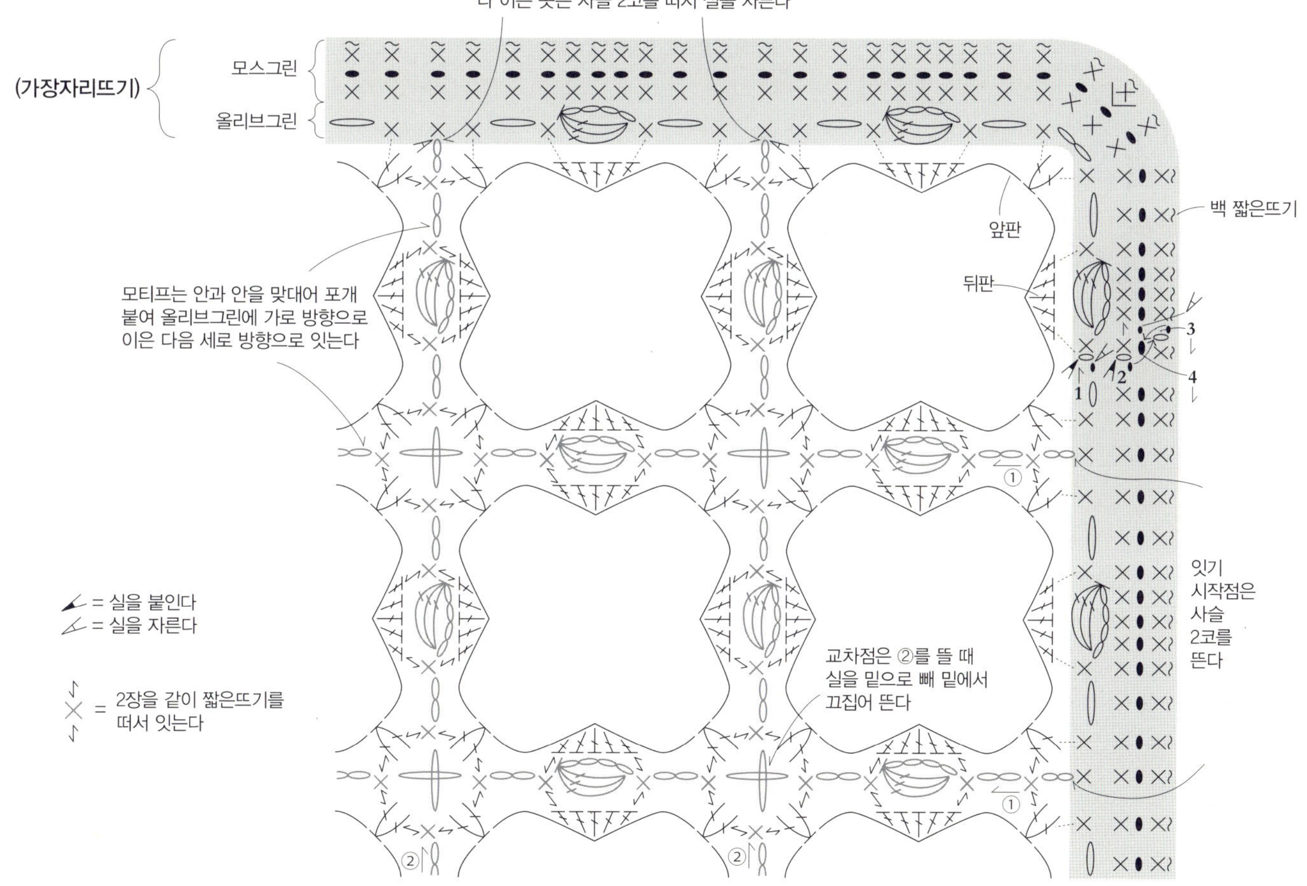

# K 링 모티프 방석 사진 17페이지

**실** 하마나카 보니(50g 1볼)
　　회색(481) 170g, 붉은색(404) 150g
**바늘** 코바늘 7.5/0호
**사이즈** 직경 39cm
**게이지** 긴뜨기 1단 =1.2cm
**모티프 크기** 직경 18cm

**뜨는 방법** 실은 지정한 색을 한 겹으로 뜬다.

1 뒤판은 실을 링으로 만들고 긴뜨기로 16단 뜬다.
2 앞판의 모티프는 사슬 34코로 링을 만들고 그림처럼 뜬다.
3 2장째부터는 만든 사슬을 먼저 뜬 모티프에 통과시켜 링으로 만들고 마찬가지로 떠서 9장을 링 모양으로 잇는다.
4 모티프 주위에 1장당 18코의 짧은뜨기를 연속으로 떠서 모티프가 겹치는 부분과 중심을 꿰맨다.
5 앞판과 뒤판을 안과 안끼리 맞대어 포개 붙여 2장 같이 빼뜨기로 뜬다.

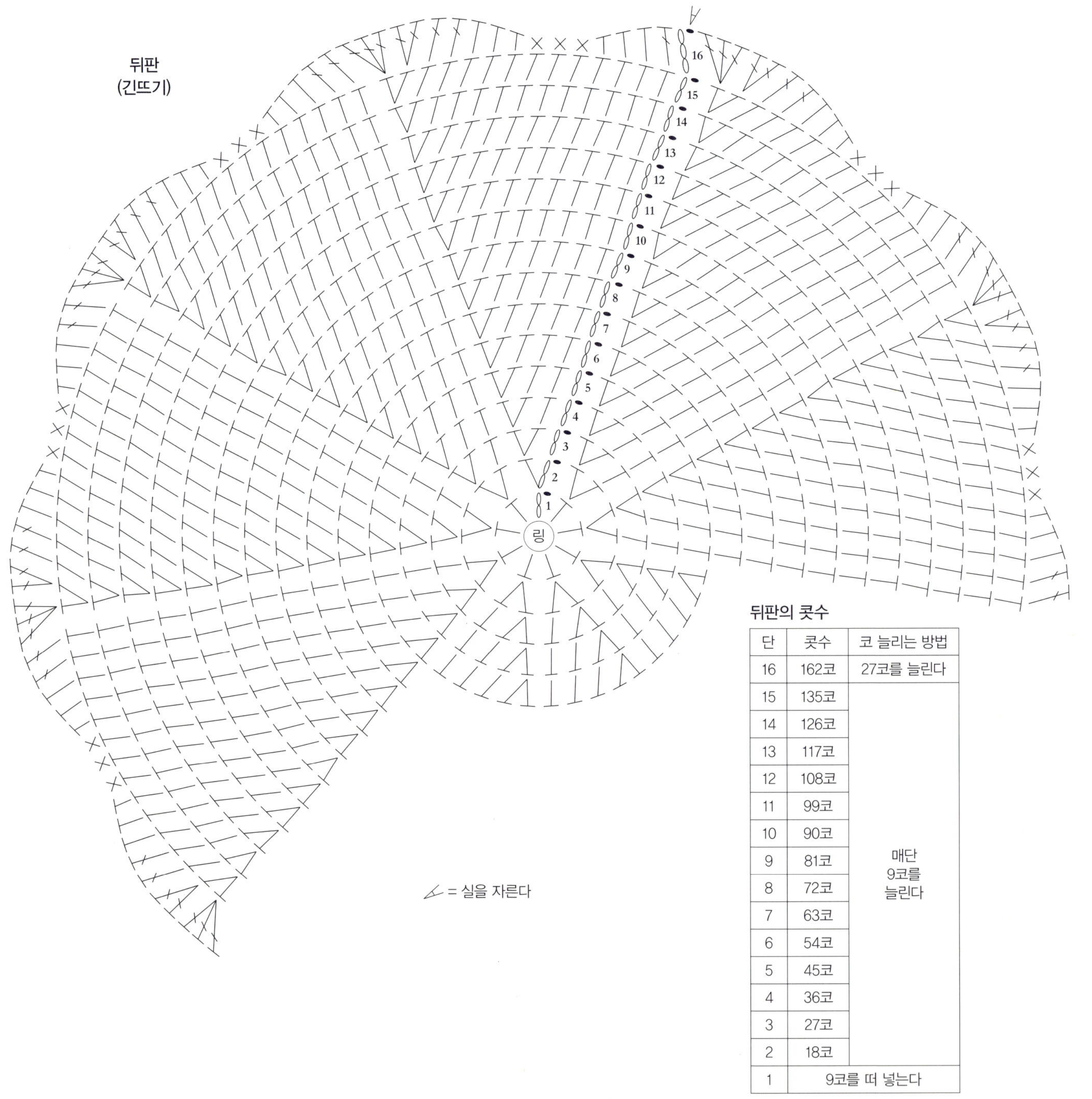



### 뒤판의 콧수

| 단 | 콧수 | 코 늘리는 방법 |
|---|---|---|
| 16 | 162코 | 27코를 늘린다 |
| 15 | 135코 | |
| 14 | 126코 | |
| 13 | 117코 | |
| 12 | 108코 | |
| 11 | 99코 | |
| 10 | 90코 | |
| 9 | 81코 | 매단 9코를 늘린다 |
| 8 | 72코 | |
| 7 | 63코 | |
| 6 | 54코 | |
| 5 | 45코 | |
| 4 | 36코 | |
| 3 | 27코 | |
| 2 | 18코 | |
| 1 | 9코를 떠 넣는다 | |

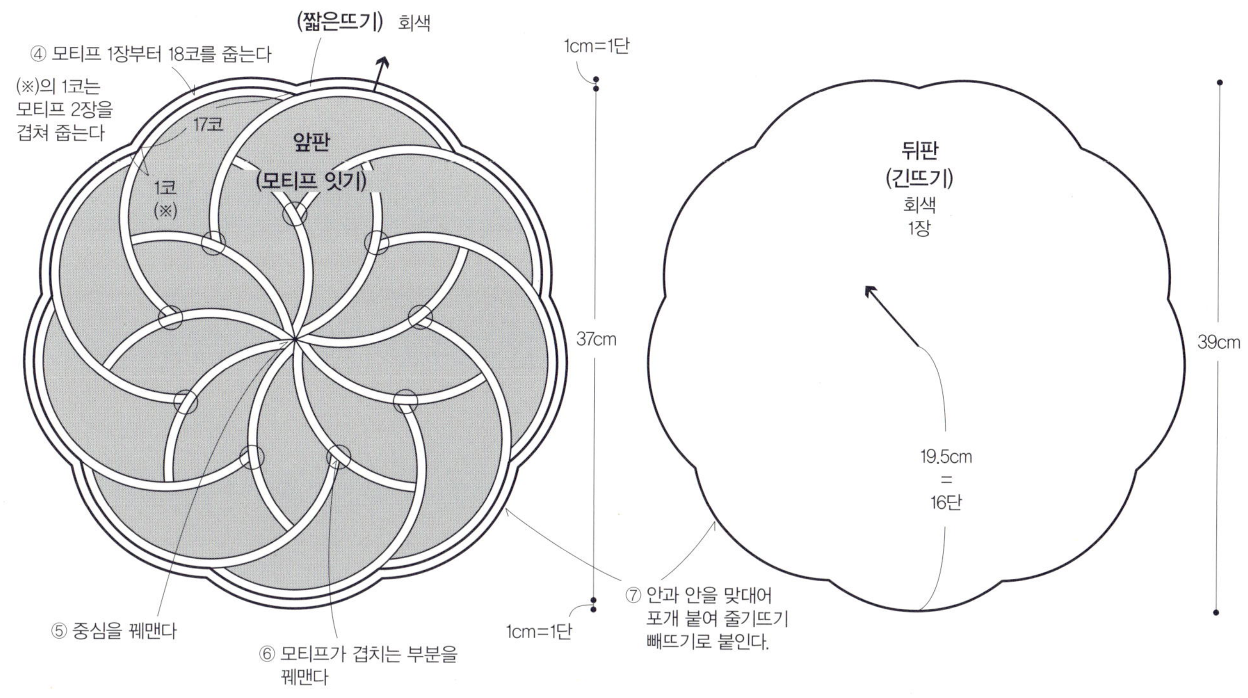
④ 모티프 1장부터 18코를 줍는다
(※)의 1코는
모티프 2장을
겹쳐 줍는다
(짧은뜨기) 회색
17코
앞판
(모티프 잇기)
1코
(※)
1cm=1단
뒤판
(긴뜨기)
회색
1장
37cm
39cm
19.5cm
=
16단
⑤ 중심을 꿰맨다
⑥ 모티프가 겹치는 부분을
꿰맨다
1cm=1단
⑦ 안과 안을 맞대어
포개 붙여 줄기뜨기
빼뜨기로 붙인다.

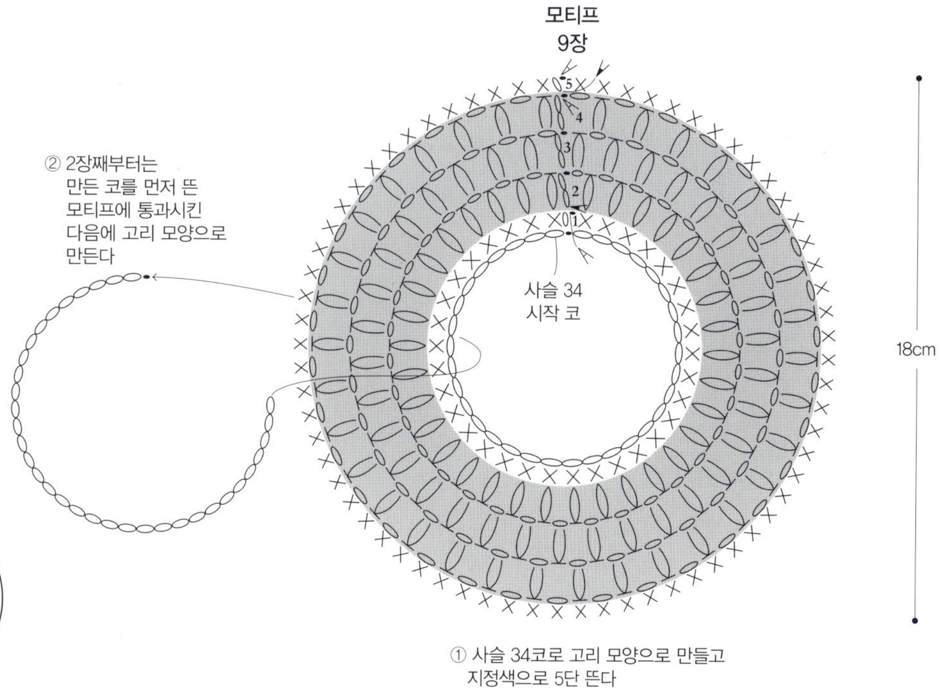

모티프
9장
② 2장째부터는
만든 코를 먼저 뜬
모티프에 통과시킨
다음에 고리 모양으로
만든다
5
4
3
2
1
사슬 34
시작 코
③ 9장을 링 모양으로 잇는다
18cm
① 사슬 34코로 고리 모양으로 만들고
지정색으로 5단 뜬다
──── = 회색      ▨▨▨ = 붉은색
= 실을 붙인다      = 실을 자른다

# L 한붓그리기 방석 사진 18-19페이지

**실** 하마나카 보니(50g 1볼)
  L-1:베이지(2) 140g, 로즈핑크(10) 80g, 연지색(6) 50g
  L-2:올리브그린(12) 140g, 하늘색(14) 80g, 겨자색(24) 50g
**바늘** 대나무 코바늘 8mm
**사이즈** 직경 42cm
**게이지** 짧은뜨기 1단=1cm 이상

**뜨는 방법** 실은 지정한 색을 한 겹으로 뜬다.
1 실을 링으로 만들고 사슬 3코의 피콧이 붙은 짧은뜨기를 8코 떠 넣어 중앙 꽃술 부분을 4단 뜬다.
2 색깔을 바꿔 꽃잎 부분을 그림처럼 8장 연속으로 뜬다.
3 꽃잎 부분을 안쪽으로 비틀 듯이 접어 가장자리뜨기로 뜬다.

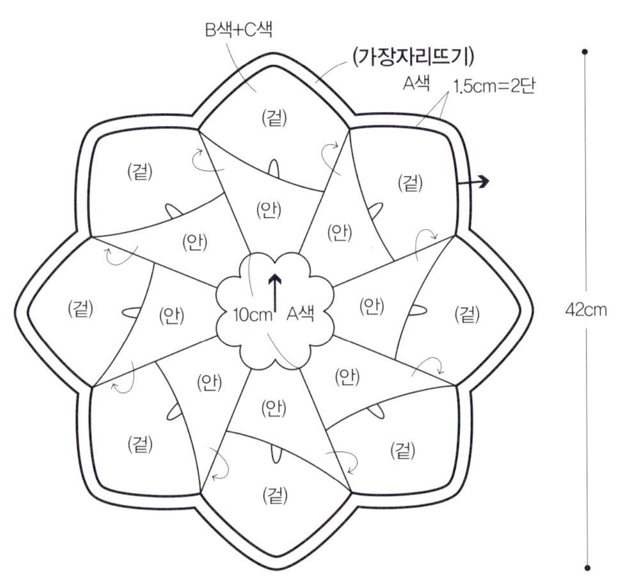


※ 꽃잎을 안쪽으로 비틀면서 가장
자리뜨기를 한다

**배색**

|  | L-1 | L-2 |
| --- | --- | --- |
| A색 —— | 연지색 | 겨자색 |
| B색 —— | 베이지 | 올리브그린 |
| C색 ▦ | 로즈핑크 | 하늘색 |

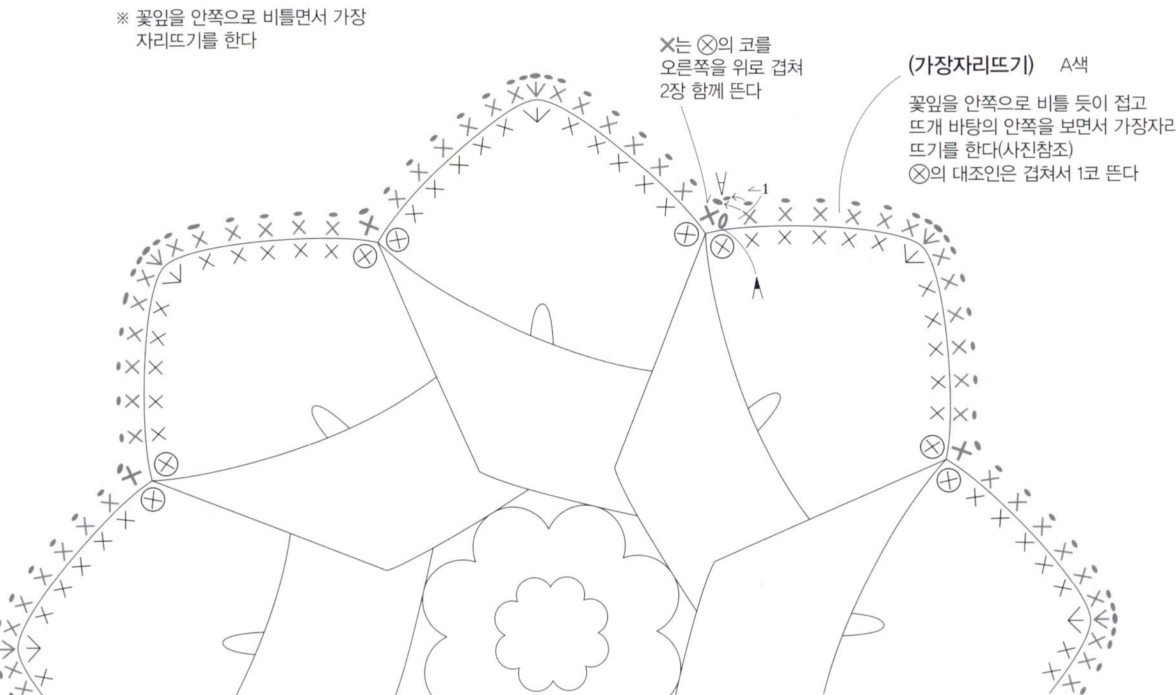

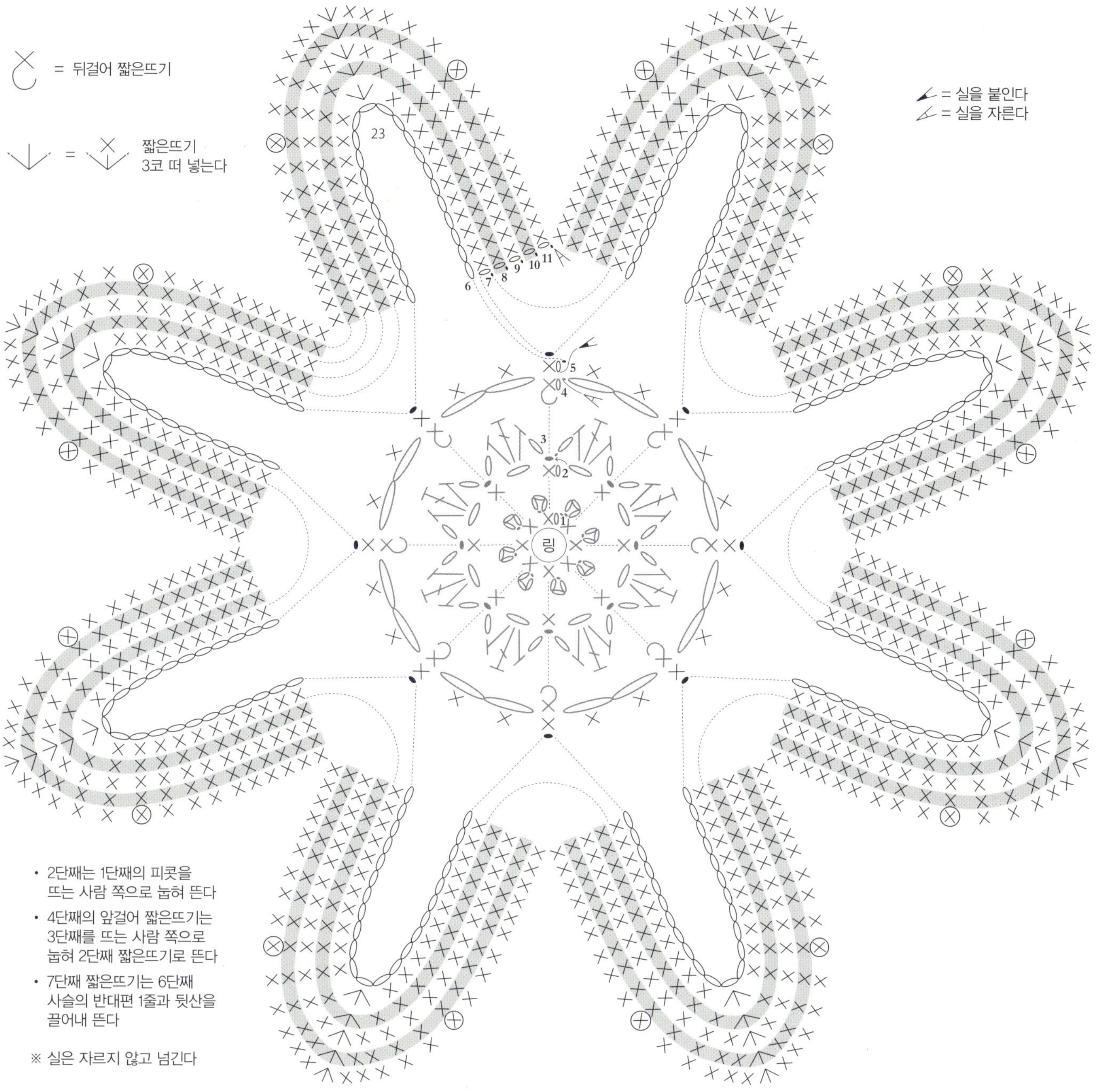

- 2단째는 1단째의 피콧을 뜨는 사람 쪽으로 눕혀 뜬다
- 4단째의 앞걸어 짧은뜨기는 3단째를 뜨는 사람 쪽으로 눕혀 2단째 짧은뜨기로 뜬다
- 7단째 짧은뜨기는 6단째 사슬의 반대편 1줄과 뒷산을 끌어내 뜬다

※ 실은 자르지 않고 넘긴다

## 가장자리뜨기

1 본체 11단째까지 뜬 것.

2 꽃잎을 안쪽으로 비틀 듯이 접는다.

3 가장자리뜨기를 짧은뜨기로 뜬다. 대조인 부분은 오른쪽을 위로 해 겹쳐 2장 같이 짧은뜨기로 뜬다.

# M 계단 모양 방석 사진 20 페이지

**실** 하마나카 보니(50g 1볼)
  옅은 핑크(405) 130g, 짙은 핑크(465), 체리 핑크(474) 각각 120g
  와인레드(464) 30g
**바늘** 코바늘 7.5/0호
**사이즈** 43cm 사각형
**게이지** 한길긴뜨기 1단 =2cm 이상

**뜨는 방법** 실은 지정한 색을 한 겹으로 뜬다.
1 사슬 3코를 만들어 상하 모서리부터 무늬뜨기로 그림처럼 뜬다.
2 주위에 ①무늬뜨기를 뜬다.
3 마찬가지로 한 장을 더 뜬다.
4 앞판과 뒤판을 안과 안끼리 맞대어 포개 붙여 2장을 같이 ②무늬뜨기로 뜬다.

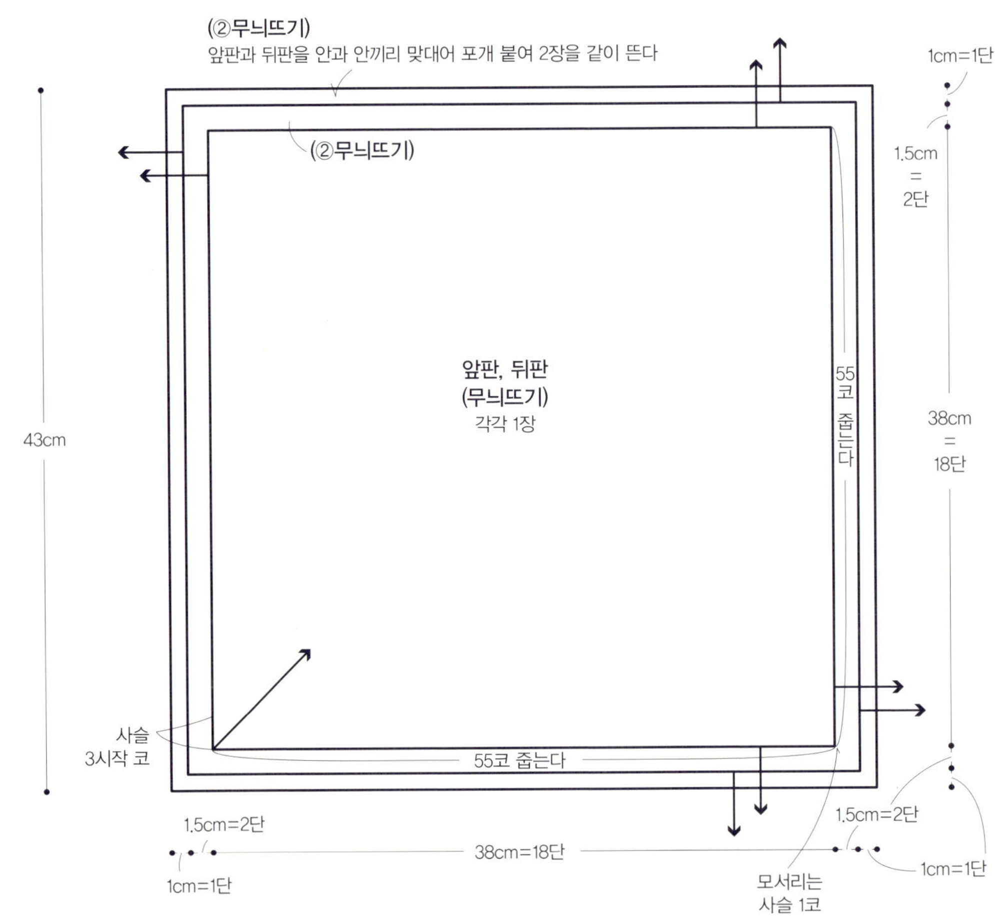



## 무늬뜨기

1 1단째를 뜨고 연속으로 사슬뜨기를 6코 뜬다.

2 2단째를 뜬 것. 사슬뜨기에 떠 붙일 때에는 뭉치로 끌어내지 말고 뒷산에 코바늘을 넣는다.

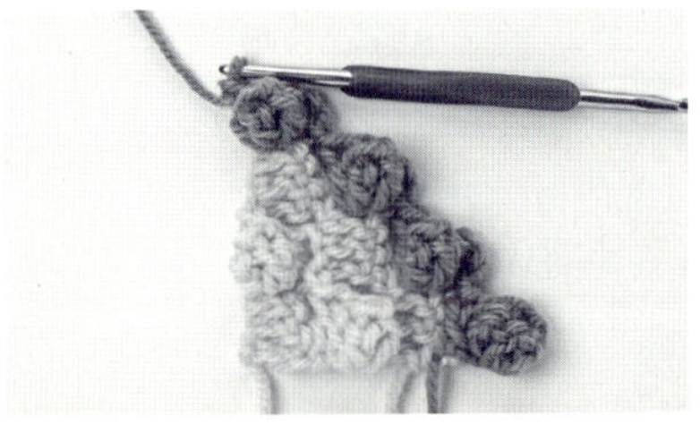

3 색을 바꿔 4단째를 뜬다. 5단째 이후 역시 마찬가지로 왼쪽 아래에서 사선으로 계단 모양으로 떠 간다.

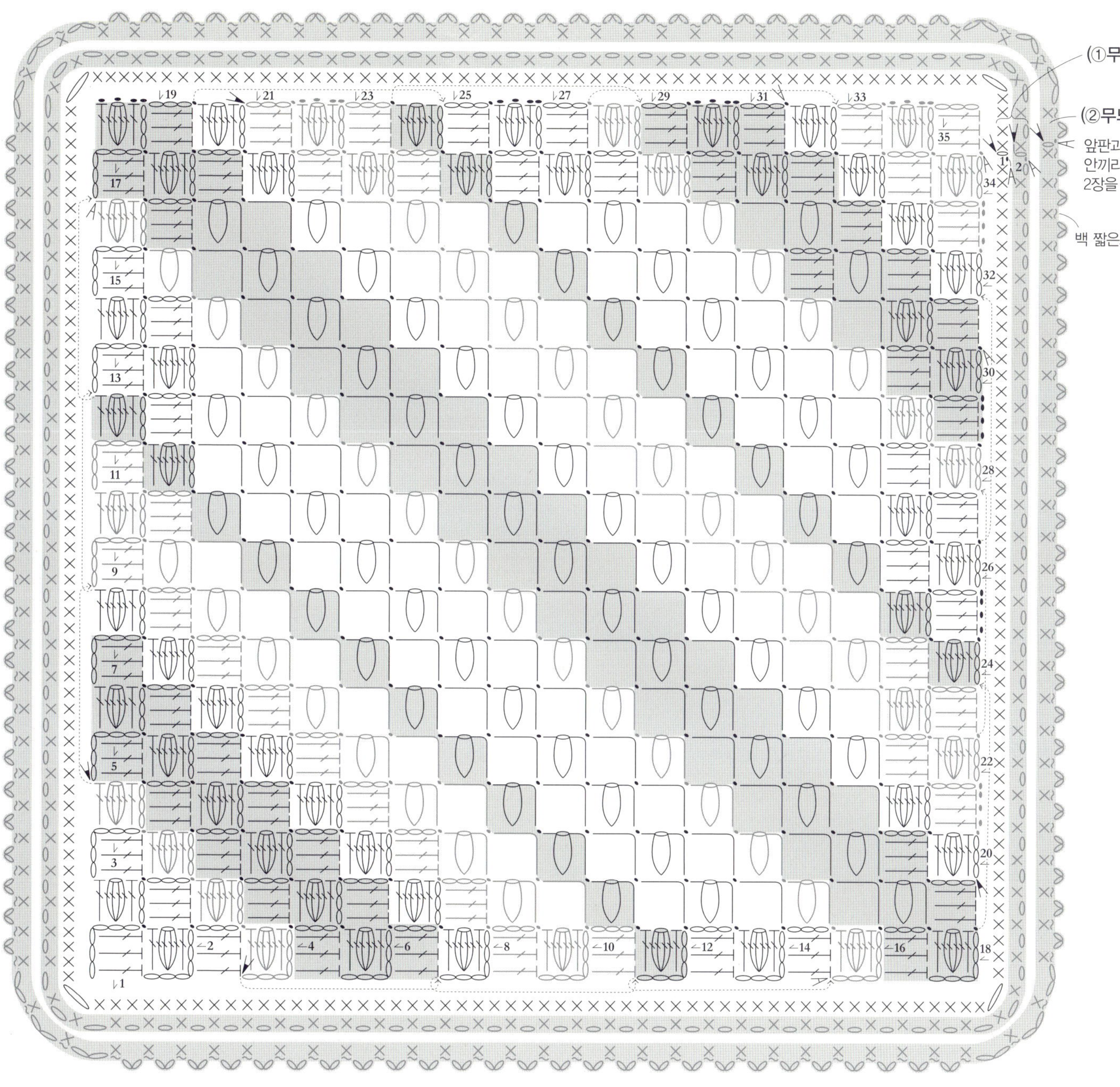

• 사슬에 뜰 때에는 사슬을 뭉치로 끌어내지 말고 뒷산에 떠 넣는다

## 배색 계통을 바꾸는 법
• 18단째까지는 1코를 완성시킬 때에 색을 바꾼다
• 19단째부터는 코를 완성시킨 다음 색을 바꾼다

= 실을 붙인다
= 실을 자른다

# ○ 퍼 방석 사진 22페이지

**실** 하마나카 보니(50g 1볼)
　베이지(417) 200g, 짙은 갈색(419), 그린(426) 각각 80g
　하마나카 점보니(50g 1볼) 베이지(2) 90g
　하마나카 피콜로(25g 1볼) 베이지(16) 약간
**바늘** 코바늘 5/0 호, 7/0 호
**그 외** 두꺼운 종이 37cm×42cm
**사이즈** 35cm×37cm(프린지 테이프 꿰매는 법에 따라 다름)
**게이지** 한길긴뜨기 1단＝약 1.5cm

**뜨는 방법** 실은 지정한 색을 한 겹으로 뜬다.
**1** 본체는 실 끝을 링으로 만들고 한길긴뜨기로 그림처럼 늘려가며 12단 뜬다.
**2** 프린지 테이프를 12줄 만든다.
**3** 본체에 프린지 테이프를 꿰매 링 부분을 자르고 형태를 갖춘다.

본체　(한길긴뜨기)

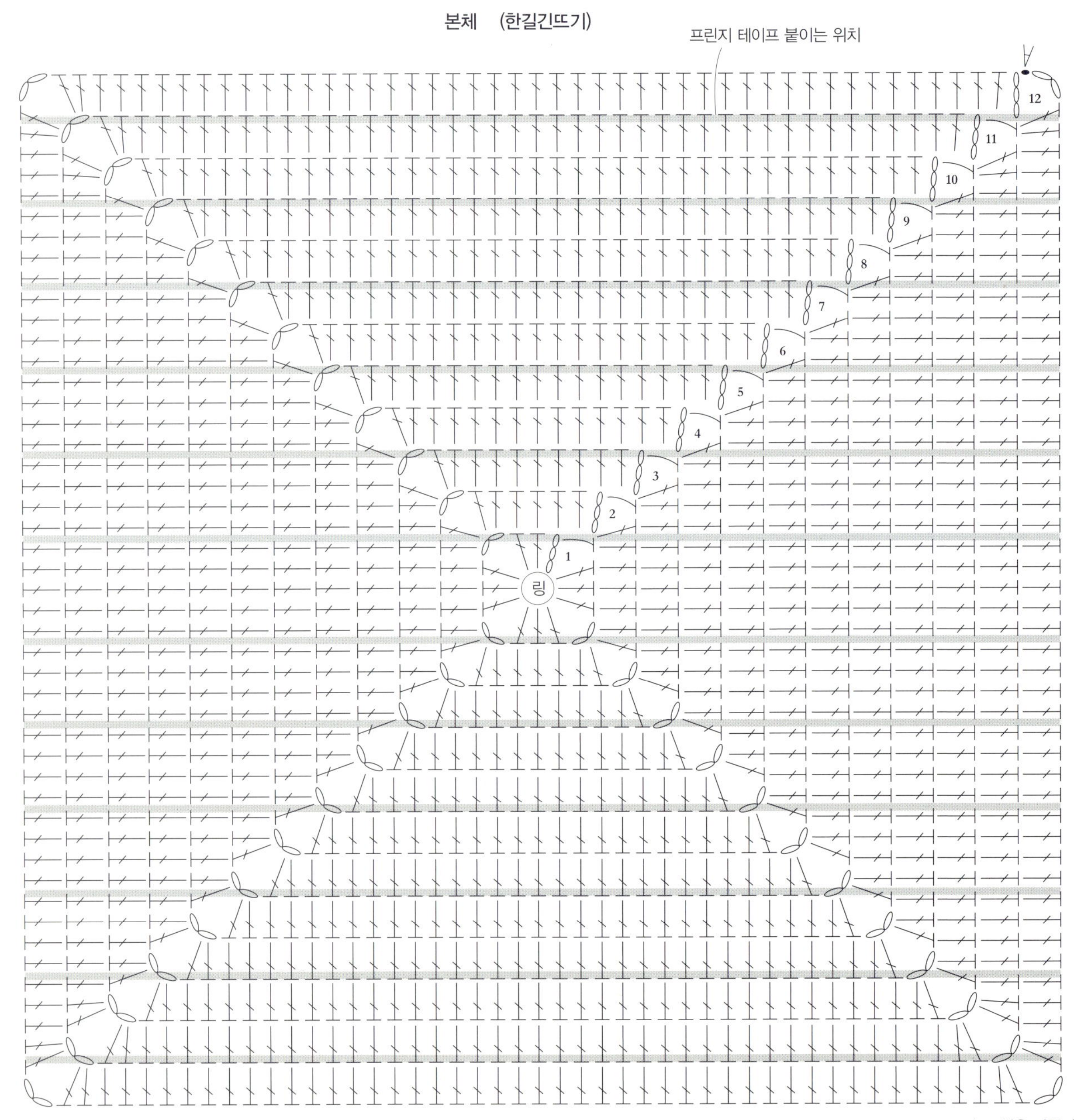

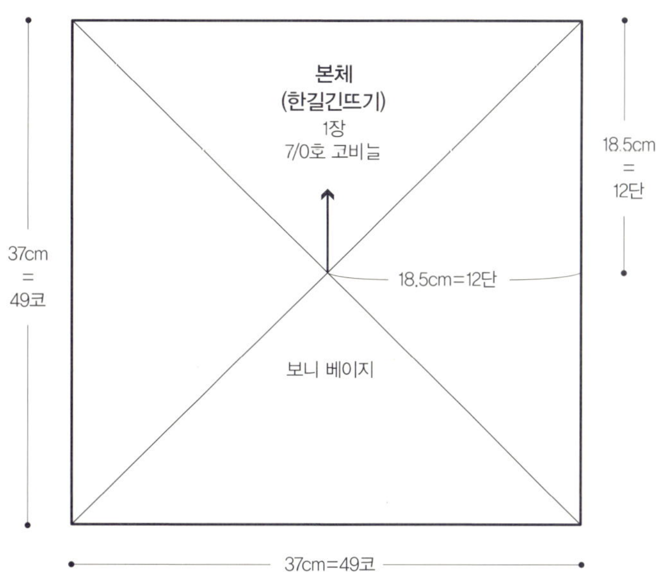


## 프린지 테이프 만드는 법

1 두꺼운 종이를 37cm×3.5cm로 12줄 자른다

2 두꺼운 종이에 실을 감는다

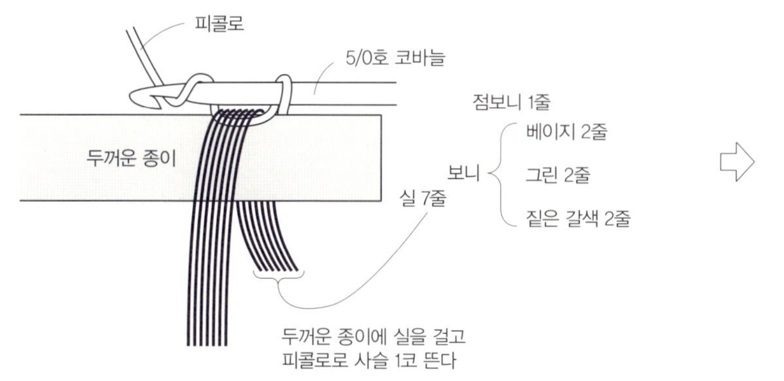


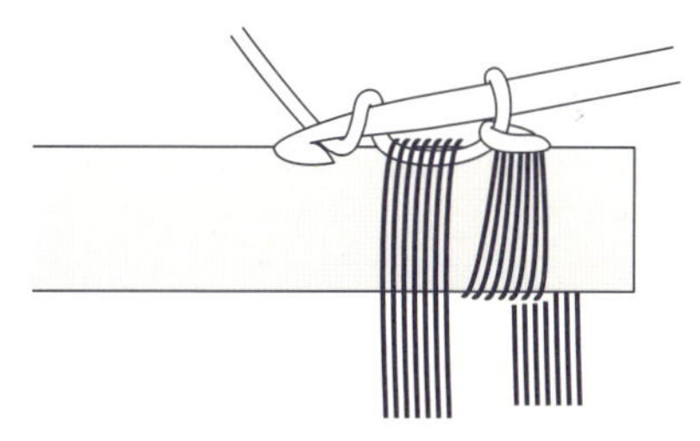


## 프린지 테이프 붙이는 법

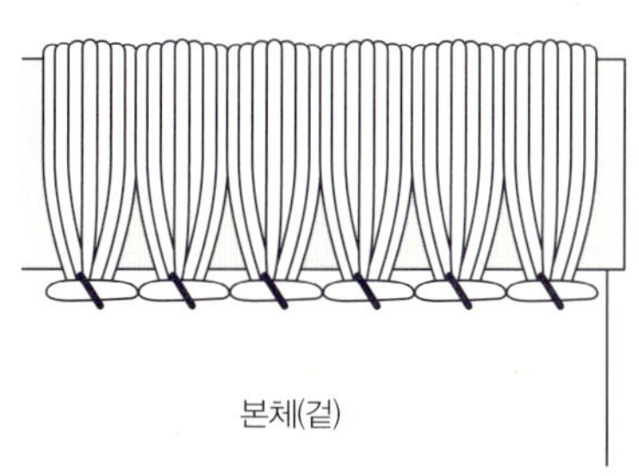


두꺼운 종이에 감은 채
로 본체에 피콜로 외가
닥으로 꿰맨다

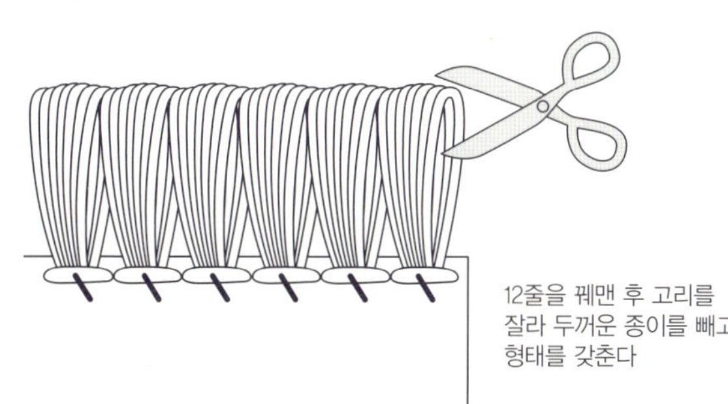

# N 잎사귀 방석 사진 21페이지

**실** 하마나카 보니(50g 1볼)
　　짙은 갈색(419) 95g, 노란색(416) 90g, 옅은 살색(480) 85g,
　　베이지(417), 모스그린(494) 각각 45g
**바늘** 코바늘 7/0호
**사이즈** 직경 41cm
**게이지** 한길긴뜨기 1단 = 약 1.7cm
**모티프 크기** 직경 18cm

**뜨는 방법** 실은 지정한 색을 한 겹으로 뜬다.
1 뒤판은 실 끝을 링으로 만들고 한길긴뜨기와 무늬뜨기로 색을 바꿔가며 그림처럼 뜬다.
2 앞판 모티프는 실 끝을 링으로 만들고 지정한 색으로 8장 뜬다.
3 앞판 중심은 실 끝을 링으로 만들어 뜨고, 2단째에서 모티프에 이으며 뜬다.
4 모티프를 그림처럼 접고 접은 선끼리 3단째에서 연결한다.
5 모티프 접는 부분에 짧은뜨기와 사슬뜨기를 해 형태를 갖추고 눈에 띄지 않도록 고정시킨다.
6 주위에 짧은뜨기로 가장자리뜨기를 한다.
7 앞판과 뒤판을 안과 안끼리 맞대어 포개 붙여 앞판을 보면서 2장 같이 백 짧은뜨기를 뜬다.

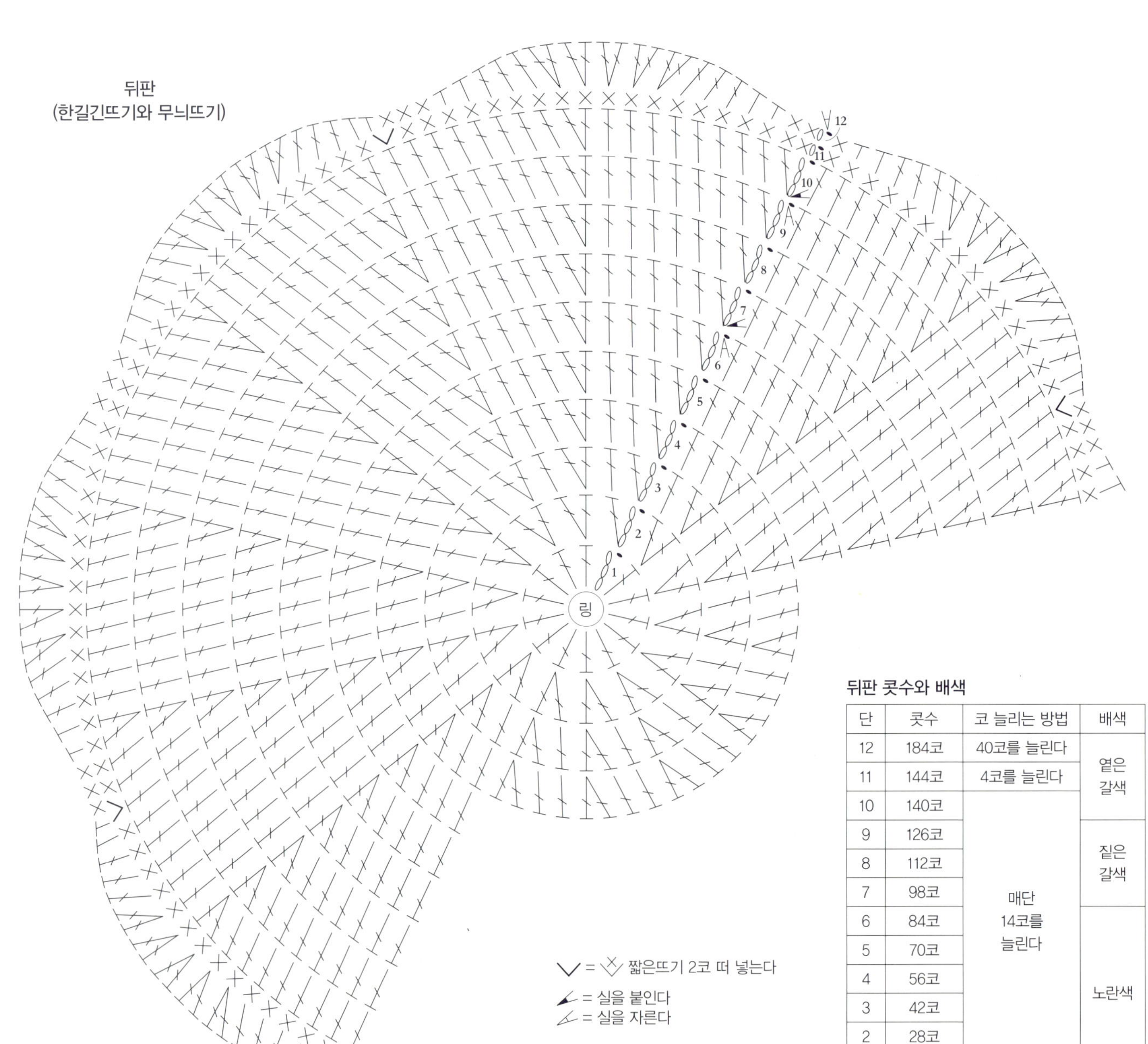



**뒤판 콧수와 배색**

| 단 | 콧수 | 코 늘리는 방법 | 배색 |
|---|---|---|---|
| 12 | 184코 | 40코를 늘린다 | 옅은 갈색 |
| 11 | 144코 | 4코를 늘린다 | 옅은 갈색 |
| 10 | 140코 | | |
| 9 | 126코 | | 짙은 갈색 |
| 8 | 112코 | | 짙은 갈색 |
| 7 | 98코 | 매단 14코를 늘린다 | |
| 6 | 84코 | | |
| 5 | 70코 | | 노란색 |
| 4 | 56코 | | |
| 3 | 42코 | | |
| 2 | 28코 | | |
| 1 | 14코를 떠 넣는다 | | |

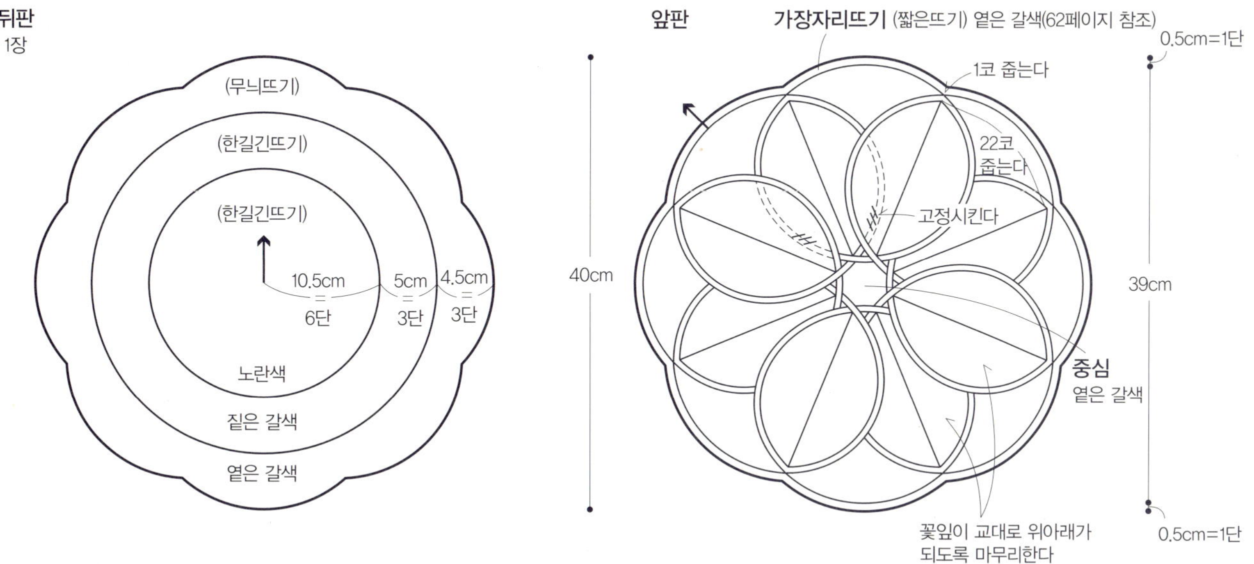


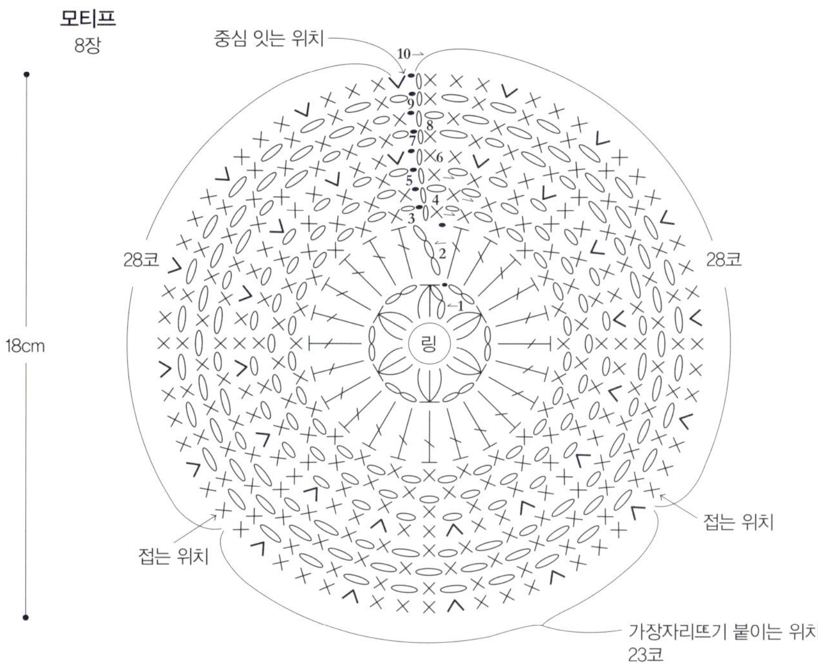


## 모티프 콧수, 코 늘리는 방법과 배색

| 단 | 콧수 | 코 늘리는 방법 | 배색 |
|---|---|---|---|
| 10 | 80코 | 16코를 늘린다 | 짙은 갈색 |
| 9 | | | |
| 8 | 64코 | 증감 없음 | 모스그린 |
| 7 | | | |
| 6 | 64코 | 16코를 늘린다 | 베이지 |
| 5 | 48코 | 증감 없음 | |
| 4 | | | 노란색 |
| 3 | 48코 | 24코를 늘린다 | |
| 2 | 24코 | 6코를 늘린다 | |
| 1 | 18코를 떠 넣는다 | | |

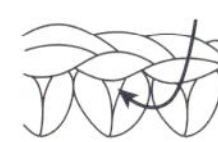


## 앞판 모티프 잇기

① 중심을 뜨면서 모티프를 빼뜨기로
   주위를 연결한다

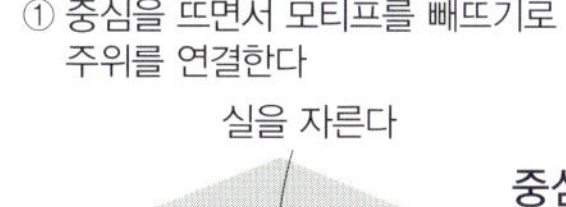

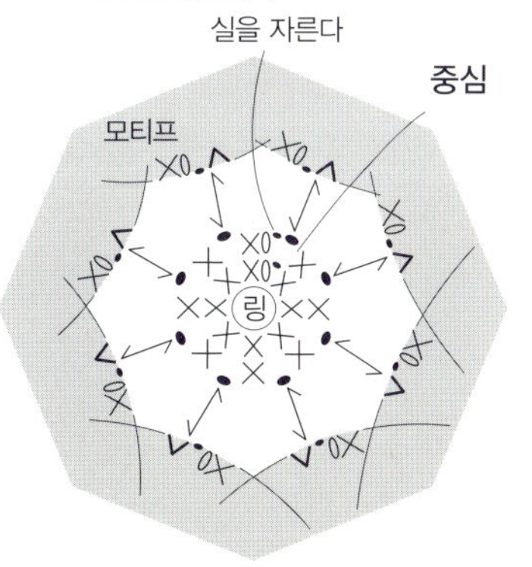


② 모티프를 접어 3단째끼리 붙인다

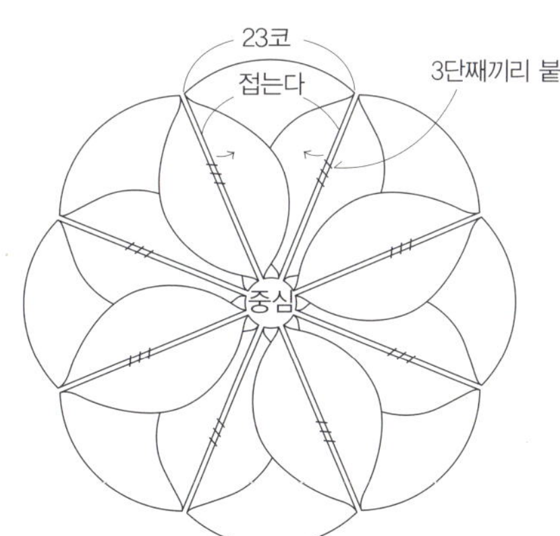


③ 모티프 주위에 짧은뜨기를 연속해서
   뜬다

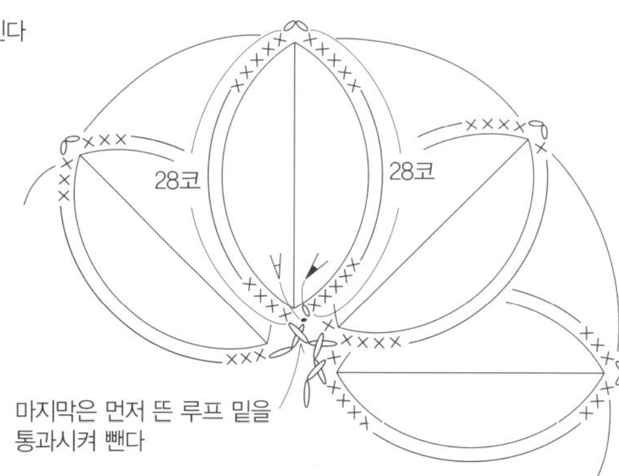

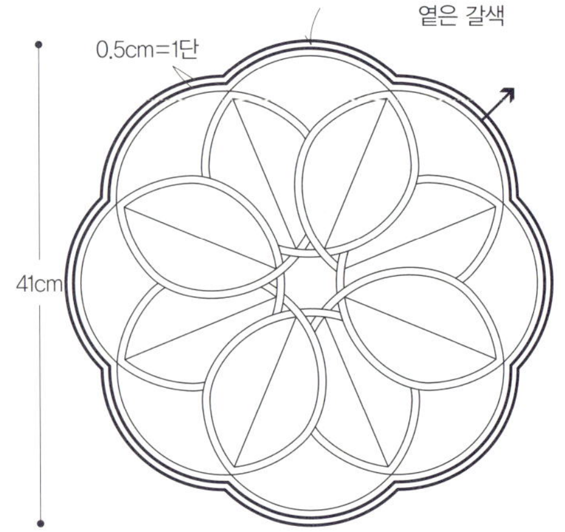


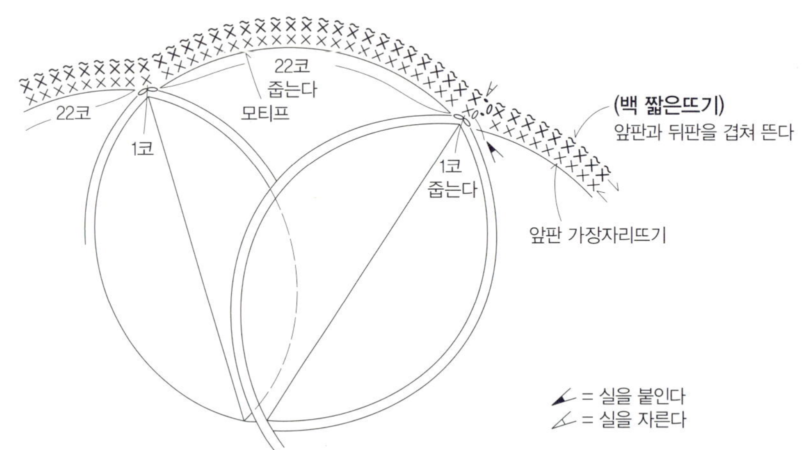


# Q 제비꽃 모티프 방석 사진 24–25페이지

**실** 하마나카 보니(50g 1볼)
  Q-1: 체리 핑크(474) 130g, 핑크(479) 80g,
  크림색(478) 50g, 노란색(416) 40g
  Q-2: 보라색(437) 130g, 옅은 보라색(496) 80g, 크림색(478) 50g,
  노란색(416) 40g
**바늘** 코바늘 7.5/0호
**사이즈** 직경 40cm
**게이지** 한길긴뜨기 1단=2cm
**모티프 크기** 직경 7cm

**뜨는 방법** 실은 지정한 색을 한 겹으로 뜬다.
1 뒤판은 실 끝을 링으로 만들고 짧은뜨기와 한길긴뜨기로 그림처럼 뜬다.
2 앞판 모티프는 사슬 4코로 링을 만들고 지정 색으로 그림처럼 뜬다.
3 2장째 모티프부터는 3단째에서 이어가며 뜬다.
4 모티프를 잇고 주위에 가장자리뜨기를 2단 뜬다.
5 앞판과 뒤판을 안과 안끼리 맞대어 포개 붙여 2장 같이 백 짧은뜨기를 뜨고 중심을 고정시킨다.

## 모티프 뜨기 19장

## 모티프 3단째 뜨기

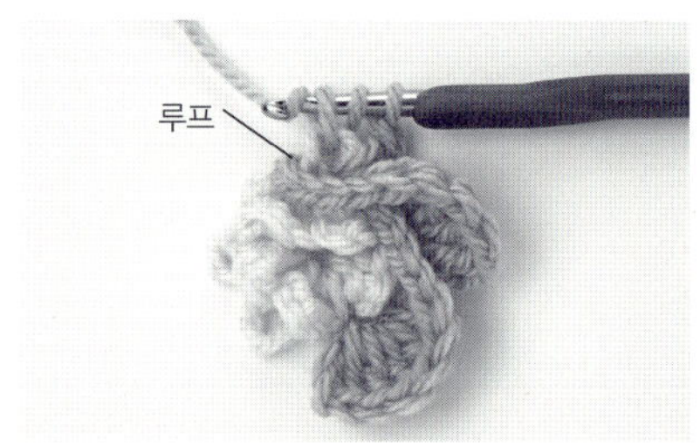


1 모티프 3단째의 한길긴뜨기는 사슬뜨기 8코 루프 안에 넣도록 해서 뜬다.

2 다 뜬 다음 사슬뜨기 8코를 최초에 뜬 꽃잎 반대편에 통과시켜 뺀다.

※ 2단째 짧은뜨기는 1단째 루프를 뜨는 사람 쪽으로 눕혀 사슬 링에 꿰맨다
※ 3단째는 2단째 루프에 사슬 3코와 한길긴뜨기 6코를 뜨고 이어서 사슬 8코와 한길긴뜨기 7코를 뜨는데 한길긴뜨기가 사슬 8코 루프 안에 들어가도록 한다(사진 참조)

= 실을 붙인다
= 실을 자른다

### 모티프 배색과 장 수

| 단 | Q-1 | | | Q-2 | | |
|---|---|---|---|---|---|---|
| | A 1장 | B 6장 | C 12장 | A 1장 | B 6장 | C 12장 |
| 3 | 크림색 | 노란색 | 핑크 | 크림색 | 노란색 | 옅은 보라색 |
| 1–2 | 크림색 | | | 크림색 | | |

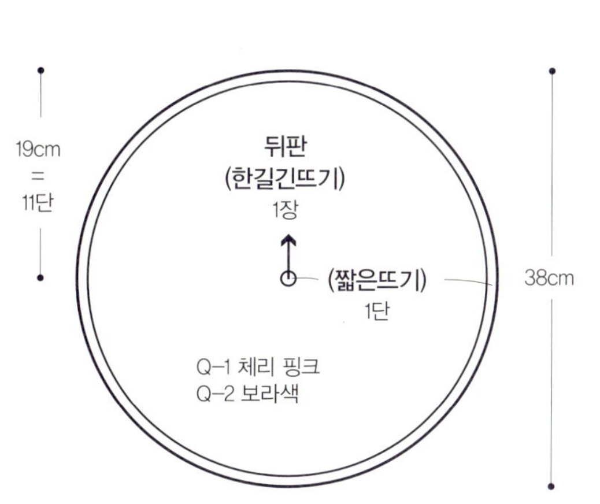


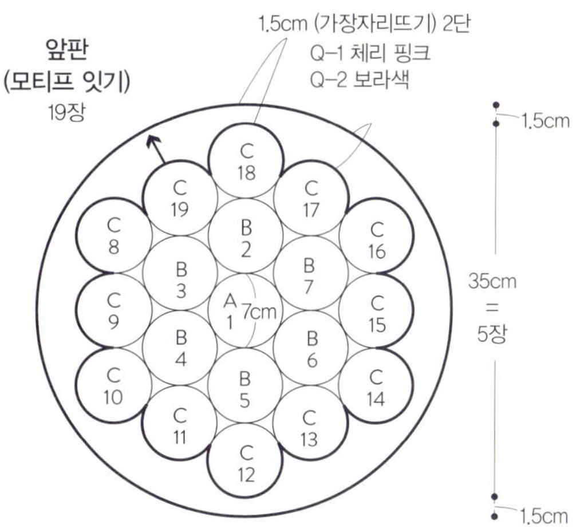


※ 모티프 안 숫자는 잇는 순서

$\vee\!\!\vee$ = $\times\!\!\times$ 짧은뜨기 2코 떠 넣는다

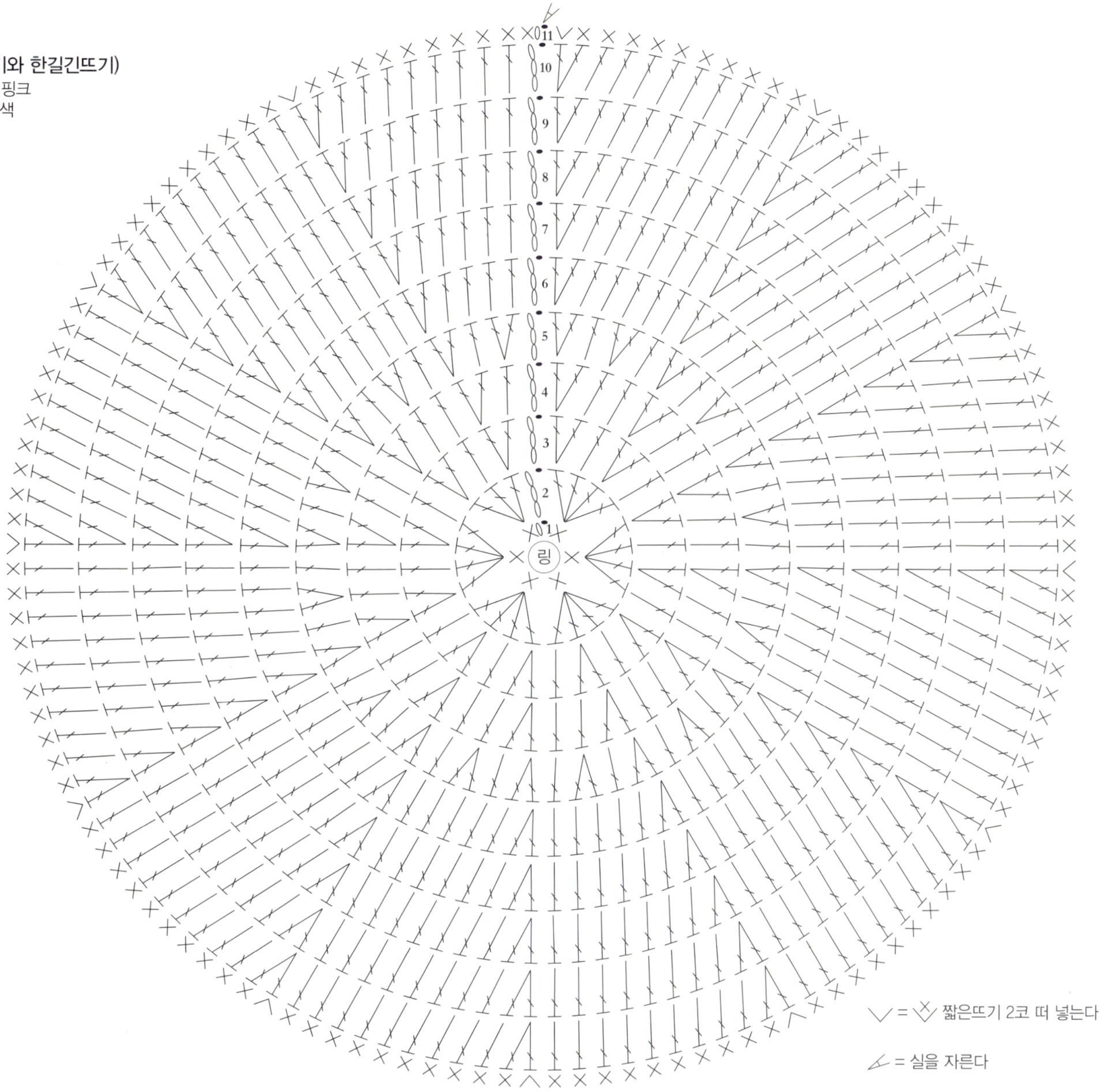

↗ = 실을 자른다

### 뒤판의 콧수와 코 늘리는 방법

| 단 | 콧수 | 코 늘리는 방법 |
|---|---|---|
| 11 | 144코 | 매단 12코를 늘린다 |
| 10 | 132코 | |
| 9 | 120코 | |
| 8 | 108코 | |
| 7 | 96코 | |
| 6 | 84코 | |
| 5 | 72코 | 24코를 늘린다 |
| 4 | 48코 | 매단 12코를 늘린다 |
| 3 | 36코 | |
| 2 | 24코 | 18코를 늘린다 |
| 1 | 6코를 떠 넣는다 | |

63

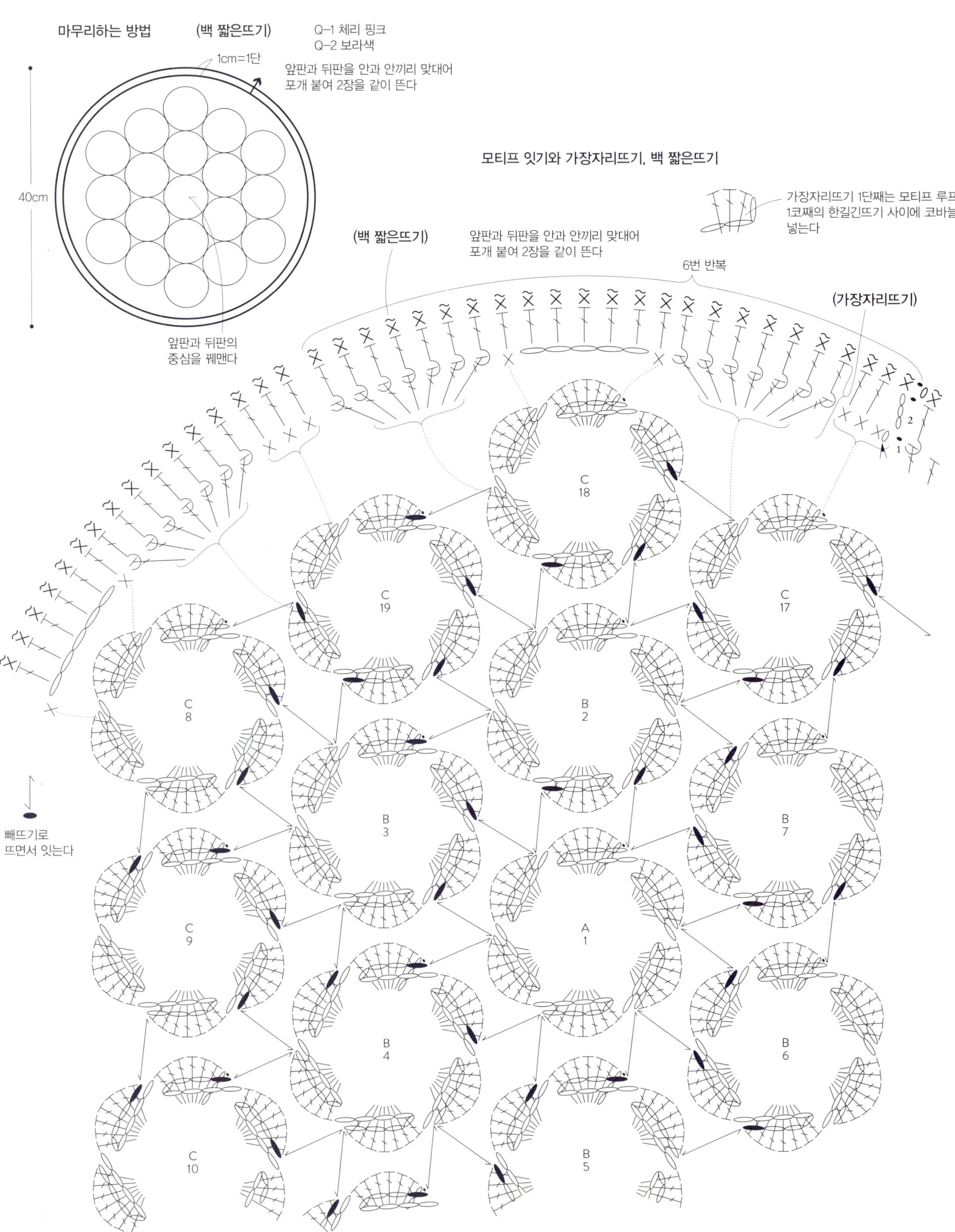

마무리하는 방법
(백 짧은뜨기)
1cm=1단
40cm
앞판과 뒤판의
중심을 꿰맨다
Q-1 체리 핑크
Q-2 보라색
앞판과 뒤판을 안과 안끼리 맞대어
포개 붙여 2장을 같이 뜬다
모티프 잇기와 가장자리뜨기, 백 짧은뜨기
가장자리뜨기 1단째는 모티프 루프와
1코째의 한길긴뜨기 사이에 코바늘을
넣는다
(백 짧은뜨기)
앞판과 뒤판을 안과 안끼리 맞대어
포개 붙여 2장을 같이 뜬다
6번 반복
(가장자리뜨기)
C 18
C 19
C 17
C 8
B 2
B 7
B 3
A 1
B 6
C 9
B 4
B 5
C 10
빼뜨기로
뜨면서 잇는다
2
1

# H 레트로 모티프 방석 사진 14페이지

**실** 하마나카 보니(50g 1볼)
  아쿠아 블루(471) 70g, 감색(473) 50g,
  황록색(476), 오프화이트(442) 각각 40g
  옅은 오렌지색(433) 15g
**바늘** 코바늘 7/0호
**사이즈** 직경 42cm
**게이지** 한길긴뜨기 1단 =2cm

**뜨는 방법** 실은 지정한 색을 한 겹으로 뜬다.
1 모티프는 실 끝을 링으로 만들고 색깔을 바꿔가며 4단 뜨고 실을 쉬게 한다. 모티프를 반으로 접고 쉬어 둔 실로 2장 같이 짧은뜨기를 1단 뜬다. 마찬가지로 7장을 뜬다.
2 앞판 중앙을 뜨고, 2단째에서 모티프 7장과 잇는다.
3 뒤판 중앙을 뜨고, 2단째에서 2와 같이 모티프와 잇는다.
4 모티프로부터 그림처럼 코를 주워 ①가장자리뜨기를 뜨고 모티프와 모티프 사이를 잇는다.
5 주위로부터 그림처럼 코를 주워 짧은뜨기를 1단, ②가장자리뜨기를 2단 뜬다.

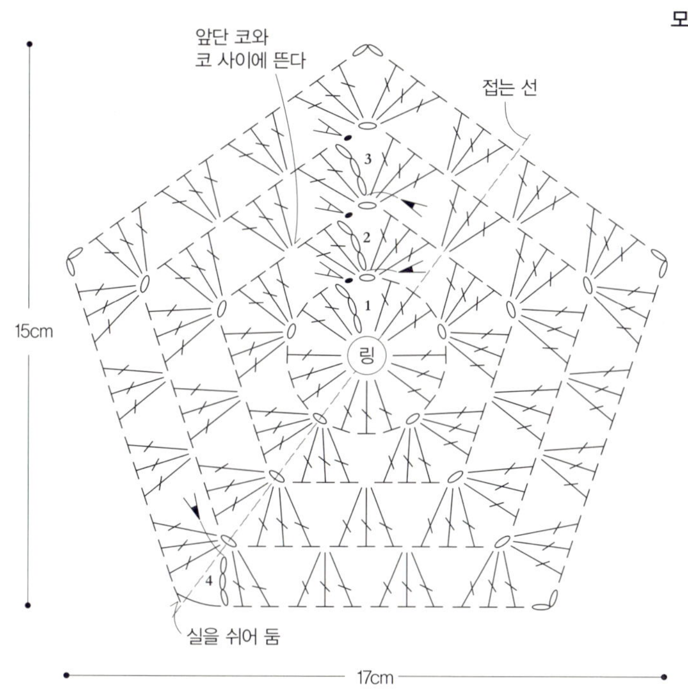



**모티프 뜨기**
7장

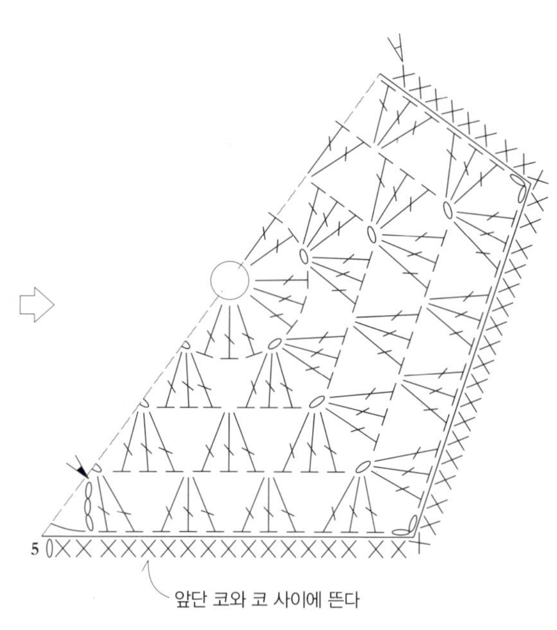



5단째는 반으로 접고 4단째 실로 연속해서 2장 같이 코를 주워 짧은뜨기를 44코 뜬다(사진참조)

**모티프 배색표**

| 단 | 배색 |
|----|------|
| 5 | 아쿠아 블루 |
| 4 | |
| 3 | 황록색 |
| 2 | 오프화이트 |
| 1 | 옅은 오렌지 |

╱ = 실을 붙인다
╱ = 실을 자른다

**모티프 5단째 뜨는 법**

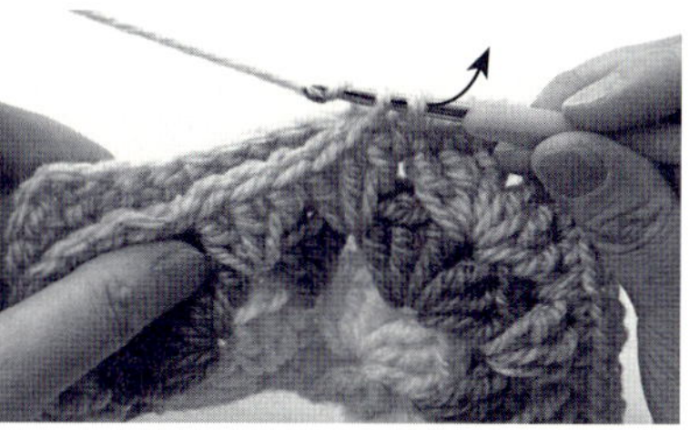

모티프를 접는 선을 따라 반으로 접고 4단째 쉬어 둔 실로 2장 같이 짧은뜨기를 뜬다.

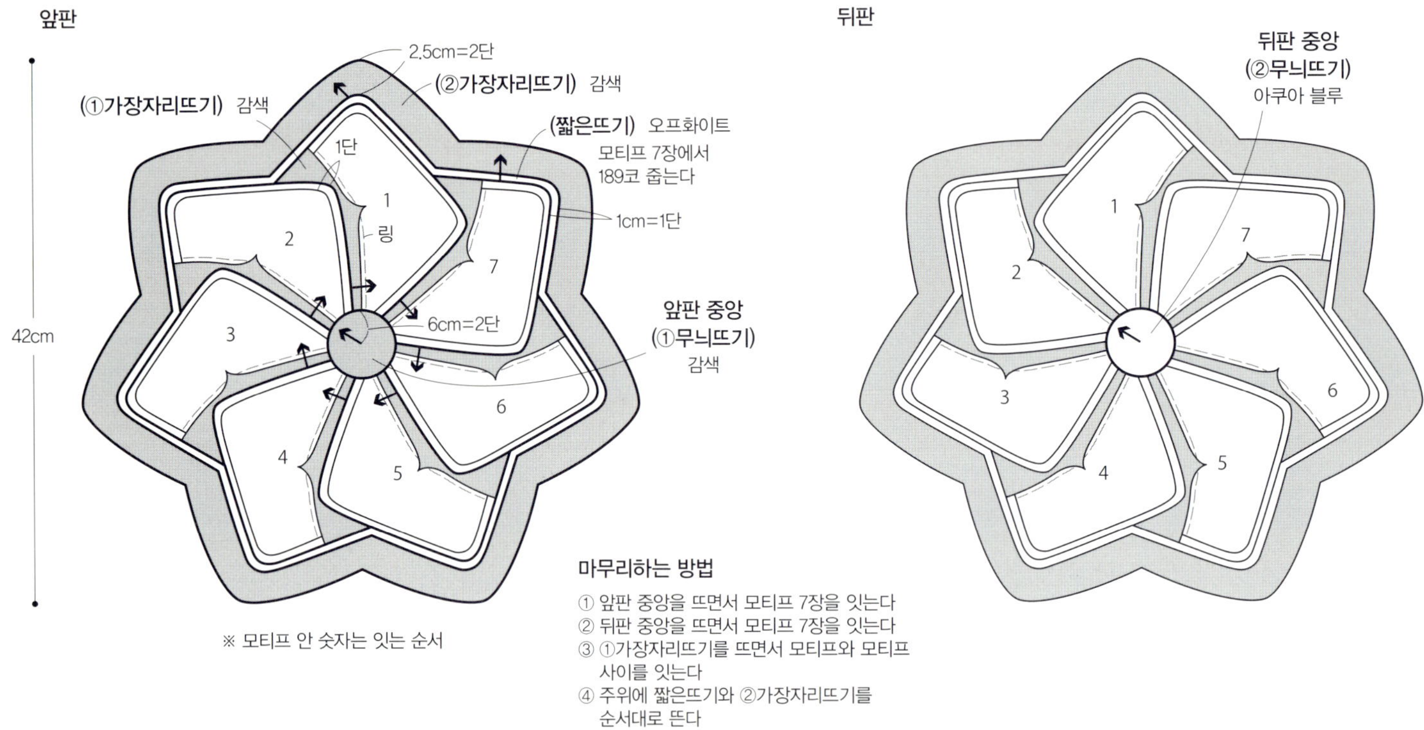

**마무리하는 방법**

① 앞판 중앙을 뜨면서 모티프 7장을 잇는다
② 뒤판 중앙을 뜨면서 모티프 7장을 잇는다
③ ①가장자리뜨기를 뜨면서 모티프와 모티프
　사이를 잇는다
④ 주위에 짧은뜨기와 ②가장자리뜨기를
　순서대로 뜬다

### 앞판 중앙과 모티프 잇기

앞판 중앙 팝콘뜨기의 마지막 사슬을 뜨기
전에 일단 바늘을 빼 모티프에 바늘을 넣고
코를 꺼내 사슬뜨기를 한다.

### ①가장자리뜨기 모티프 잇기

**1** 짧은뜨기로 잇는 곳은 일단 바늘을 빼고
이을 모티프에 바늘을 넣어 코를 꺼낸다.

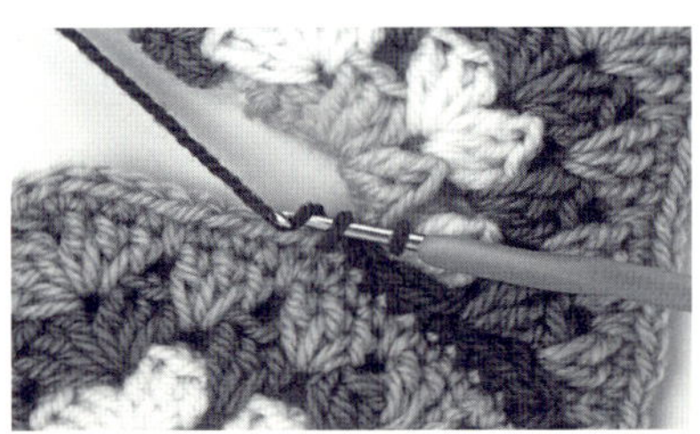

**2** 짧은뜨기를 한다.

**3** 한길긴뜨기로 연결한 곳은 짧은뜨기와 마
찬가지로 일단 바늘을 빼고 모티프에서 코를
꺼낸다.

**4** 한길긴뜨기를 한다.

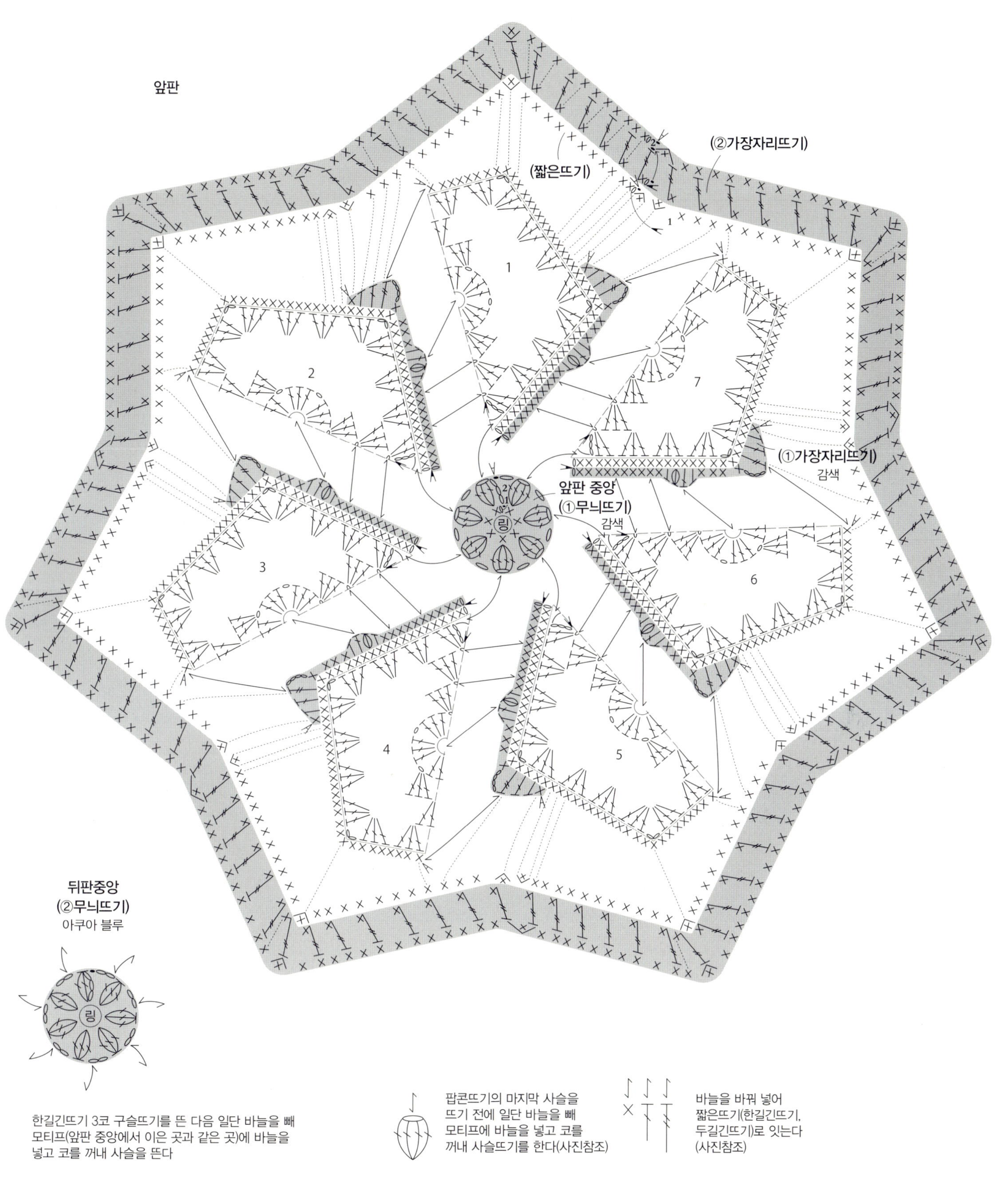

앞판
(②가장자리뜨기)
(짧은뜨기)
(②가장자리뜨기)
1
2
7
①가장자리뜨기)
감색
앞판 중앙
(①무늬뜨기)
감색
3
링
6
4
5
뒤판중앙
(②무늬뜨기)
아쿠아 블루
링
한길긴뜨기 3코 구슬뜨기를 뜬 다음 일단 바늘을 빼
모티프(앞판 중앙에서 이은 곳과 같은 곳)에 바늘을
넣고 코를 꺼내 사슬을 뜬다
팝콘뜨기의 마지막 사슬을
뜨기 전에 일단 바늘을 빼
모티프에 바늘을 넣고 코를
꺼내 사슬뜨기를 한다(사진참조)
바늘을 바꿔 넣어
짧은뜨기(한길긴뜨기,
두길긴뜨기)로 잇는다
(사진참조)

# R 배색 모티프 방석 사진 26페이지

**실** 하마나카 보니 (50g 1볼)
    베이지 (417) 240g
    짙은 오렌지색 (414), 올리브그린 (493), 겨자색 (491) 각각 25g
**바늘** 코바늘 8/0호
**사이즈** 38cm 사각형
**모티프 크기** 9.5cm 사각형

**뜨는 방법** 실은 지정한 색을 한 겹으로 뜬다.

1 모티프는 실 끝을 링으로 만들고 A~D를 지정 매수만큼 뜬다.
2 모티프를 중간 겉에 맞춰 앞판, 뒤판을 각각 잇고, 뒤판은 뒤집을 틈을 만들어 둔다.
3 앞판, 뒤판을 중앙에 맞추고, 빼뜨기로 붙인다.
4 뒤집을 틈으로 겉으로 뒤집고, 뒤집을 틈을 반코 휘갑치기로 꿰맨다.

## 앞판, 뒤판 (모티프 잇기)
※뒤판은 모두 D

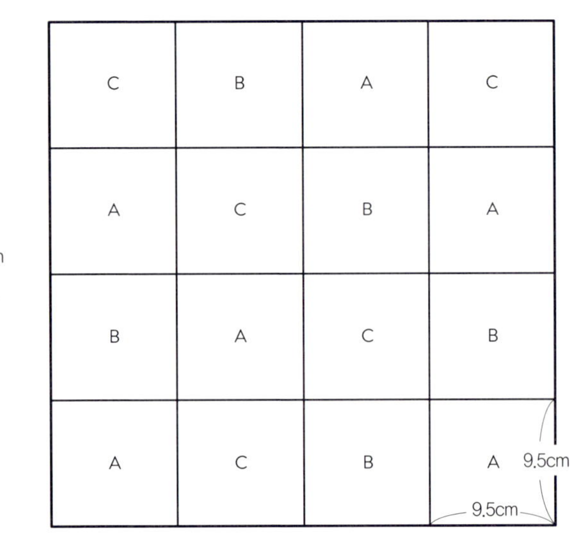



## 모티프 잇기

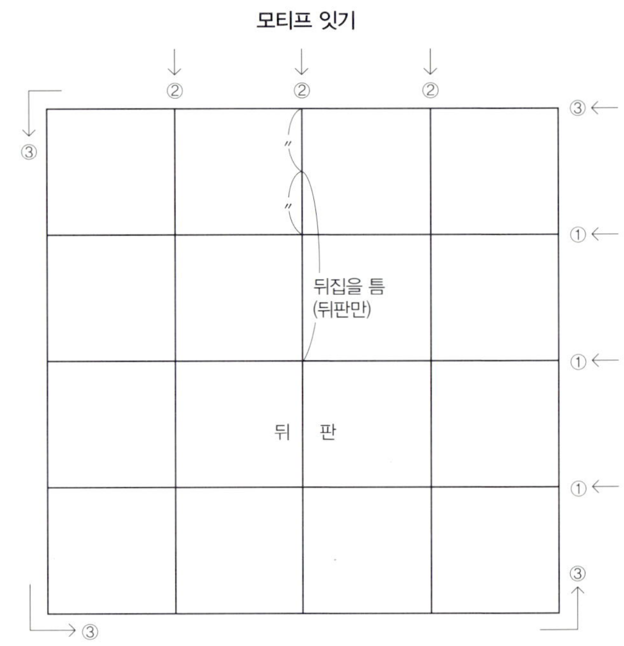



- 중간 겉에 맞춰 겉쪽에 코 머리의 실 1줄을 남기도록 하여 각각 실 1줄만을 끌어내 빼뜨기(사진참조)
- 뒤판은 뒤집을 틈을 남겨 잇고, 겉으로 뒤집어 반코 휘갑치기로 뒤집을 틈을 꿰맨다
- ①, ②는 앞판, 뒤판을 각각 잇는다
- ③은 앞판, 뒤판을 중간 겉에 맞춰, 실 1줄을 끌어내 빼뜨기

## 모티프 잇기

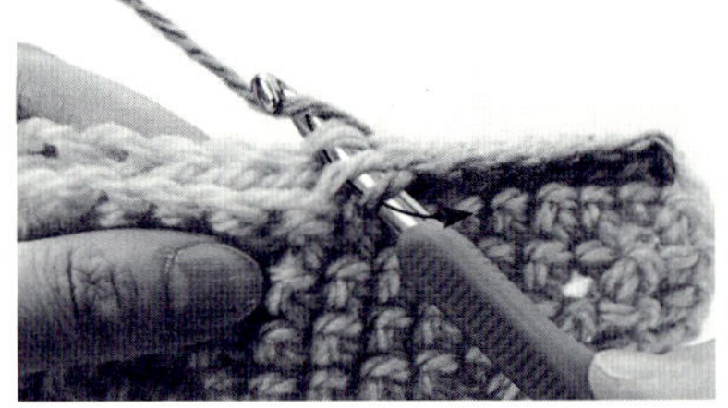

1 모티프를 중간 겉에 맞춰, 각각 실 1줄만을 끌어내 빼뜨기로 잇는다.

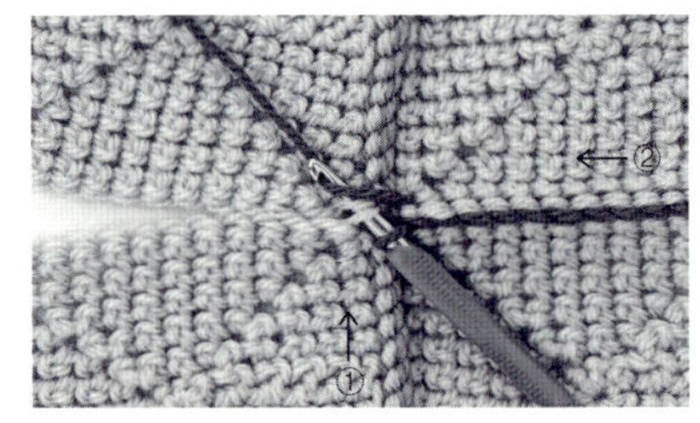

2 ①방향을 잇고 나서 ②방향 역시 마찬가지로 각각 바깥쪽 실 1줄만을 끌어내 빼뜨기로 잇는다.

## 건네는 실을 감싸 뜨는 법

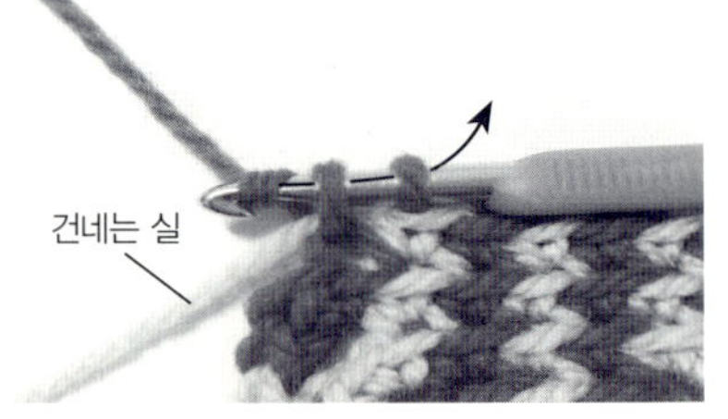



건네는 실을 감싸면서 짧은뜨기의 줄기뜨기를 뜬다. 색을 바꿀 때에는 마지막 코를 뺄 때 바꾼다.

모티프 뜨기 　　　　　　　　　　　╳ = 짧은뜨기 줄기뜨기

※ A와 B는 건네는 실을 감싸 뜨는 방법으로 뜬다(사진참조)

A 6장　　　　　　　　　　　　　　　　　　　　　　B 5장

―― 베이지　　　　―― 짙은 오렌지색　　　　　　　　―― 베이지　　　　―― 올리브그린

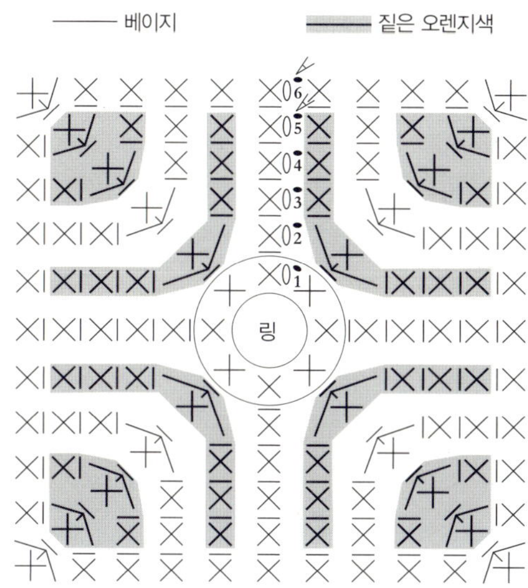

C 5장　　※ 실은 자르지 않고 건넨다　　　　　　　D 16장

―― 베이지　　　　―― 겨자색　　　　　　　　　　　　베이지

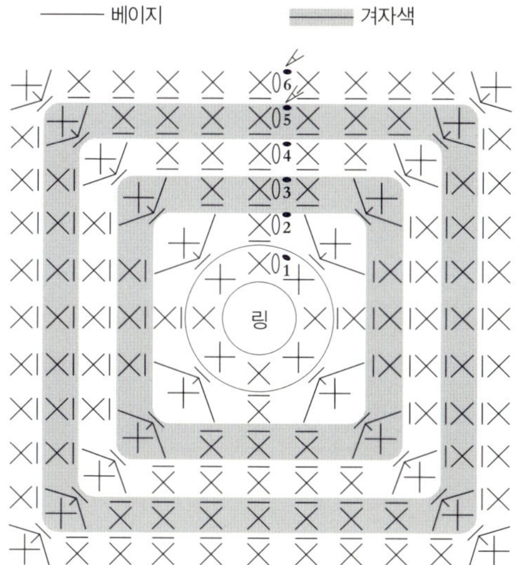

# U　12각형 방석　사진 29페이지

**실** 하마나카 보니(50g 1볼)
　　파란색(462) 120g, 옅은 갈색(480) 90g,
　　페퍼민트 그린(407) 90g
**바늘** 코바늘 7.5/0호
**사이즈 직경** 50cm
**게이지** 짧은뜨기 줄기뜨기 1단 = 약 0.8cm
　　　　　한길긴뜨기 1단 = 약 1.6cm

**뜨는 방법** 실은 지정한 색을 한 겹으로 뜬다.
1 뒤판은 실 끝을 링으로 만들고 무늬뜨기로 색을 바꾸면서 16단 뜨고, 실을 쉬게 한다.
2 앞판은 사슬 156코로 링을 만들고 짧은뜨기 줄기뜨기로 색을 바꾸면서 18단을 뜬다.
3 앞판 시작 코 지정 위치(12군데)에 파란색 실을 통과시켜 중심을 조인다.
4 앞판과 뒤판을 안과 안끼리 맞대어 포개 붙여 가장자리뜨기를 한다.

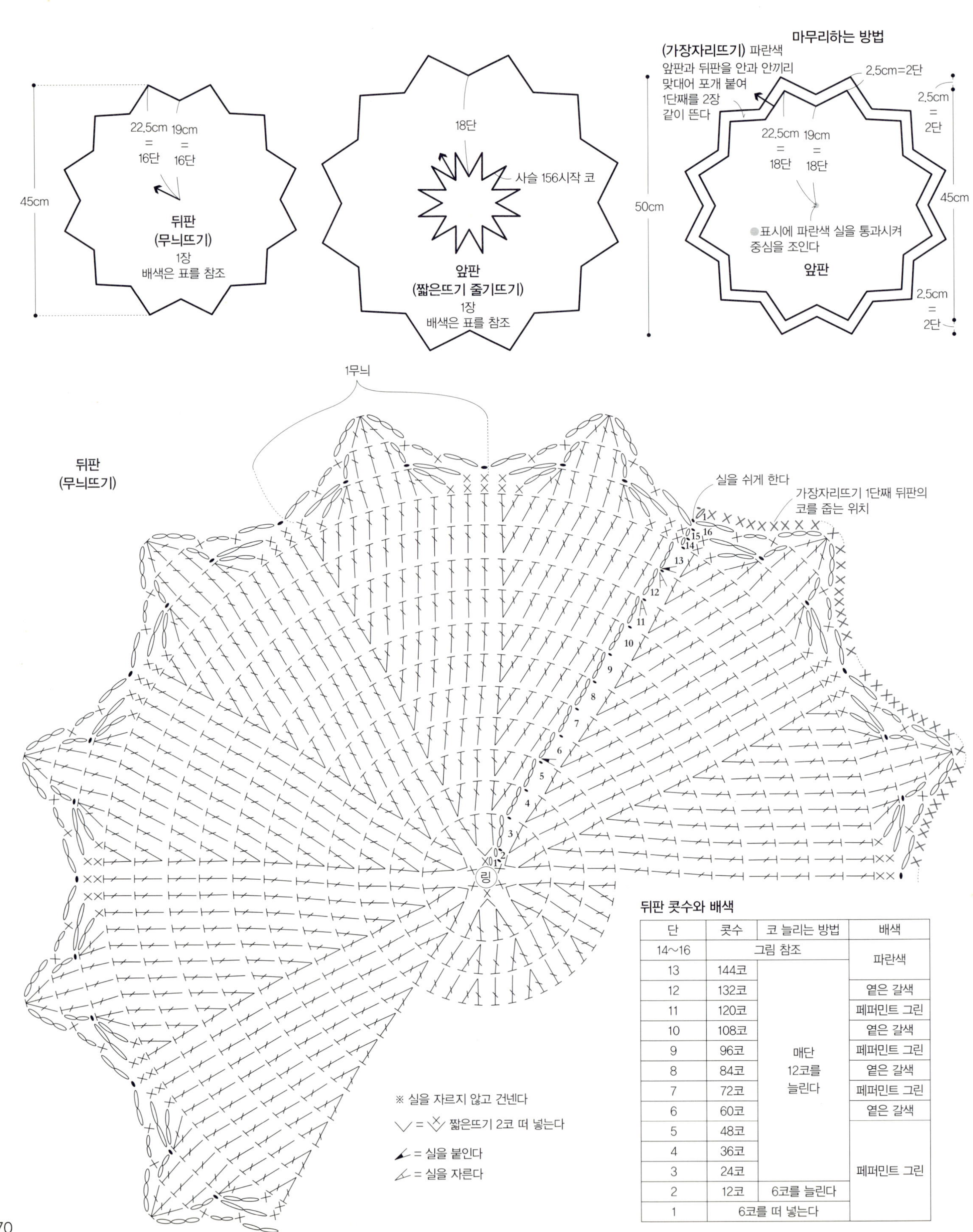



뒤판 콧수와 배색

| 단 | 콧수 | 코 늘리는 방법 | 배색 |
|---|---|---|---|
| 14~16 | 그림 참조 | | 파란색 |
| 13 | 144코 | | 파란색 |
| 12 | 132코 | | 옅은 갈색 |
| 11 | 120코 | | 페퍼민트 그린 |
| 10 | 108코 | | 옅은 갈색 |
| 9 | 96코 | 매단 12코를 늘린다 | 페퍼민트 그린 |
| 8 | 84코 | | 옅은 갈색 |
| 7 | 72코 | | 페퍼민트 그린 |
| 6 | 60코 | | 옅은 갈색 |
| 5 | 48코 | | 페퍼민트 그린 |
| 4 | 36코 | | |
| 3 | 24코 | | |
| 2 | 12코 | 6코를 늘린다 | |
| 1 | 6코를 떠 넣는다 | | |

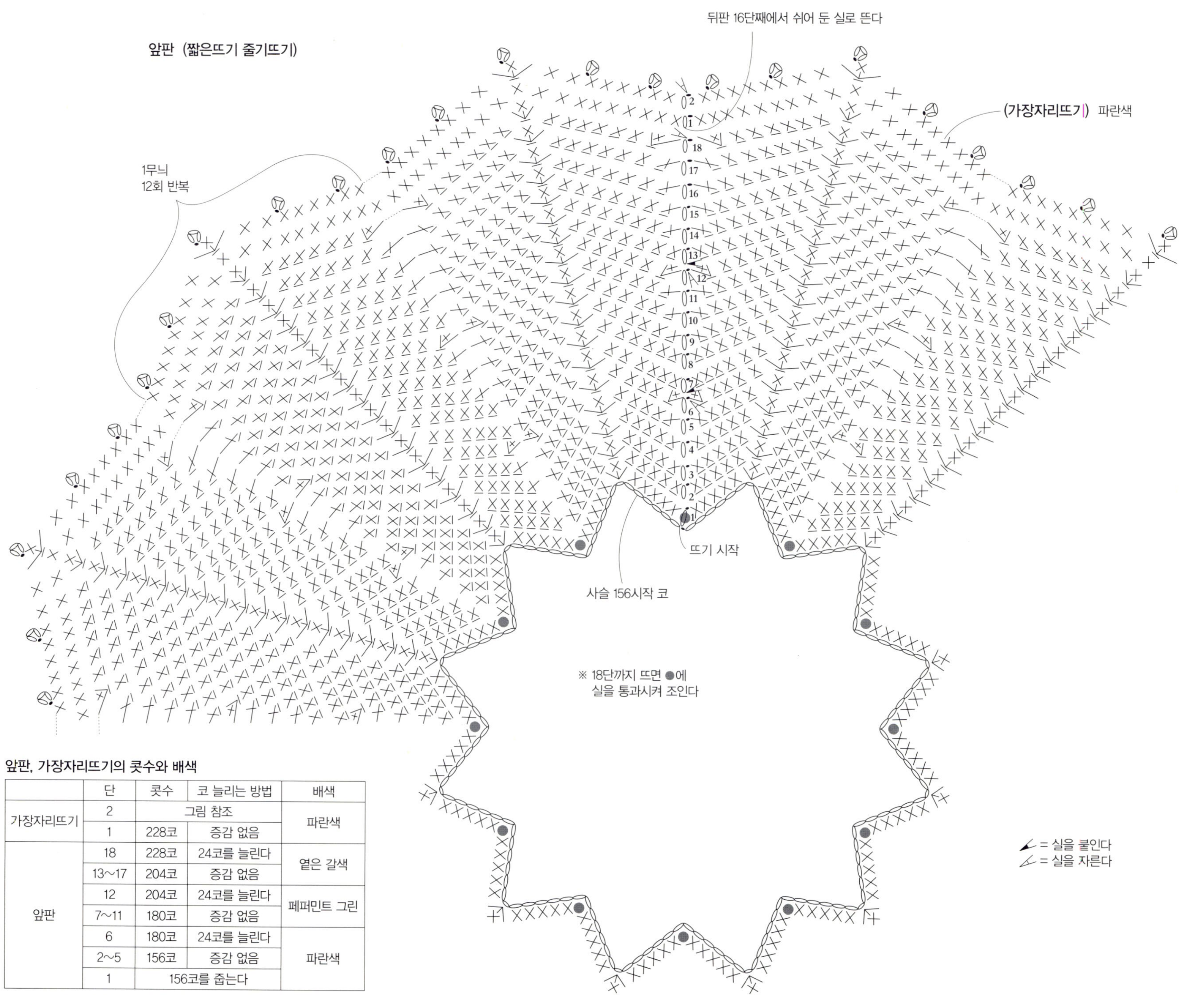


## 앞판, 가장자리뜨기의 콧수와 배색

| | 단 | 콧수 | 코 늘리는 방법 | 배색 |
|---|---|---|---|---|
| 가장자리뜨기 | 2 | | 그림 참조 | 파란색 |
| | 1 | 228코 | 증감 없음 | |
| 앞판 | 18 | 228코 | 24코를 늘린다 | 옅은 갈색 |
| | 13~17 | 204코 | 증감 없음 | |
| | 12 | 204코 | 24코를 늘린다 | 페퍼민트 그린 |
| | 7~11 | 180코 | 증감 없음 | |
| | 6 | 180코 | 24코를 늘린다 | 파란색 |
| | 2~5 | 156코 | 증감 없음 | |
| | 1 | 156코를 줍는다 | | |

**실** 하마나카 보니 (50g 1볼)
  T-1: 감색 (473) 150g, 터코이즈 그린 (498) 100g
  T-2: 겨자색 (491) 150g, 크림색 (478) 100g
**바늘** 코바늘 7.5/0호
**사이즈** 직경 38cm
**게이지** 한길긴뜨기 1단 = 약 1.4cm
**모티프 크기** 직경 18cm

**뜨는 방법** 실은 지정한 색을 한 겹으로 뜬다.
1 뒤판은 실 끝을 링으로 만들고 한길긴뜨기로 색을 바꾸면서 13단 뜬다.
2 앞판은 모티프를 사슬 36코로 링을 만들고 긴뜨기를 4단 뜬다. 뜨개 바탕을 뒤집어 만든 코에서 코를 주워 짧은뜨기를 1단 뜬다.
3 2장째부터는 만든 코를 먼저 뜬 모티프에 통과시켜 링으로 만들어 연결한다.
4 모티프 중심과 겹치는 부분을 꿰맨다.
5 앞판과 뒤판을 안과 안끼리 맞대어 포개 붙여 가장자리뜨기를 뜬다.

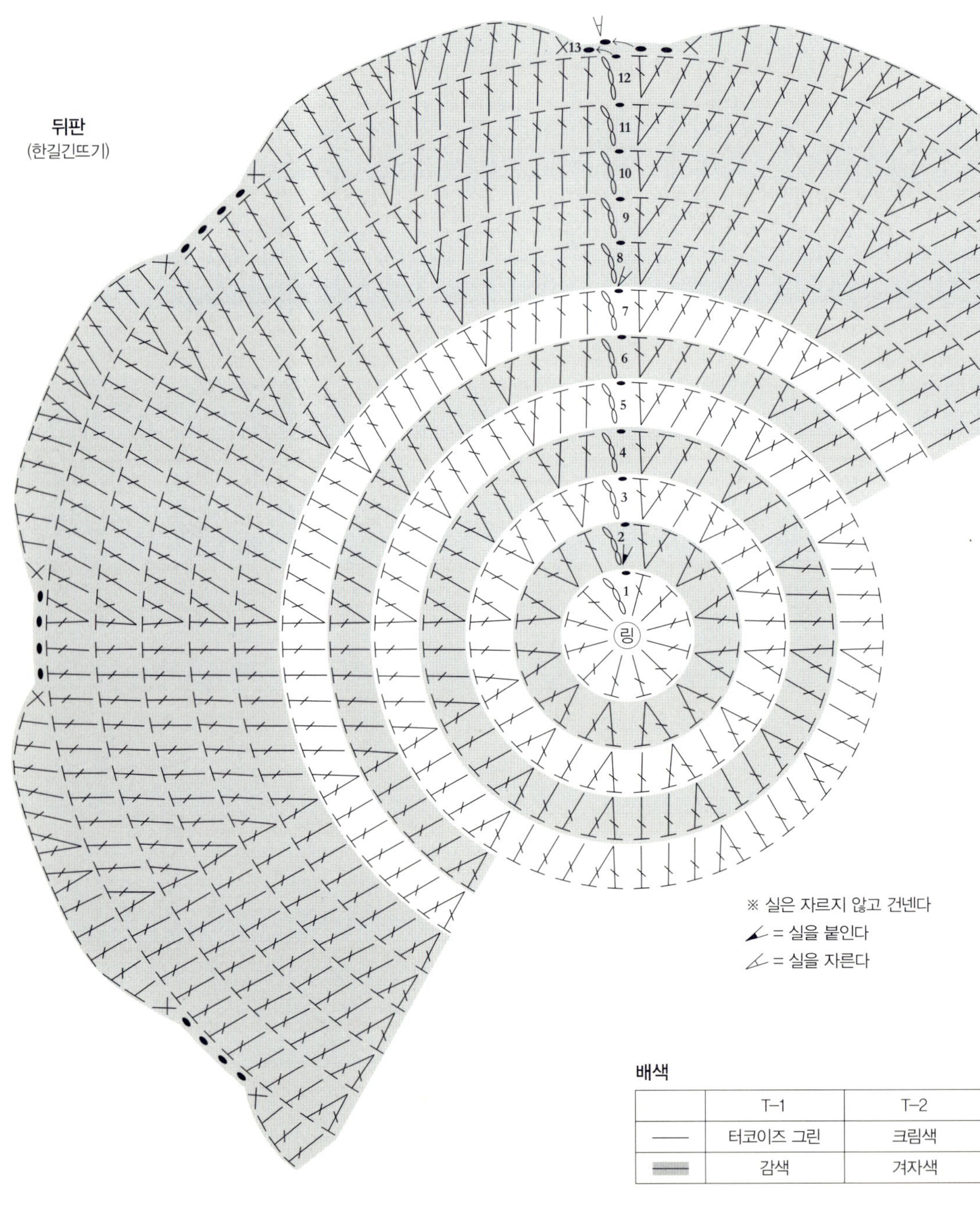



**뒤판 콧수**

| 단 | 콧수 | 코 늘리는 방법 |
|---|---|---|
| 13 | 8무늬 | 그림 참조 |
| 12 | 144코 | |
| 11 | 132코 | |
| 10 | 120코 | |
| 9 | 108코 | |
| 8 | 96코 | 매단 12코를 늘린다 |
| 7 | 84코 | |
| 6 | 72코 | |
| 5 | 60코 | |
| 4 | 48코 | |
| 3 | 36코 | |
| 2 | 24코 | |
| 1 | 12코 떠 넣는다 | |

**배색**

| | T-1 | T-2 |
|---|---|---|
| — | 터코이즈 그린 | 크림색 |
| ▬ | 감색 | 겨자색 |

⑥ 안과 안을 맞대어 포개 붙여 2장을 같이 가장자리뜨기로
　붙인다. 1단째는 짧은뜨기로 모티프 1장에서 20코 줍고,
　2단째는 증감 없이 빼뜨기를 뜬다

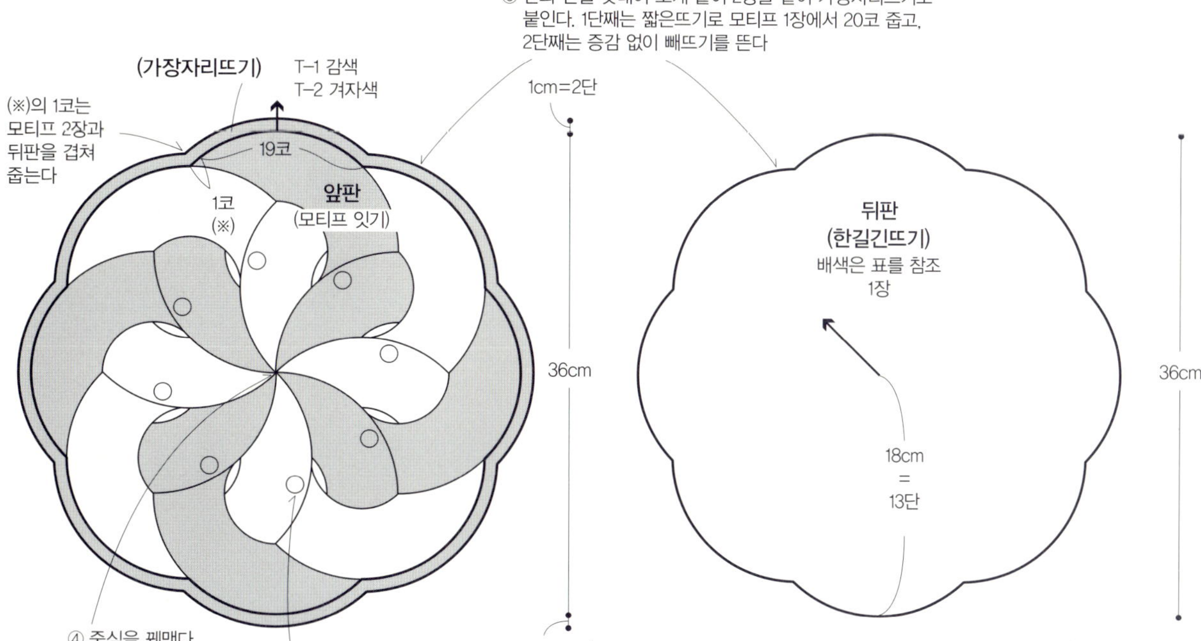



**모티프 뜨기**　　T-1 감색, 터코이즈 그린 　　각각 4장
　　　　　　　　　T-2 겨자색, 크림색

② 2장째부터 2색을 교대로 만든 코를
　먼저 뜬 모티프에 통과시켜 링으로
　만든다

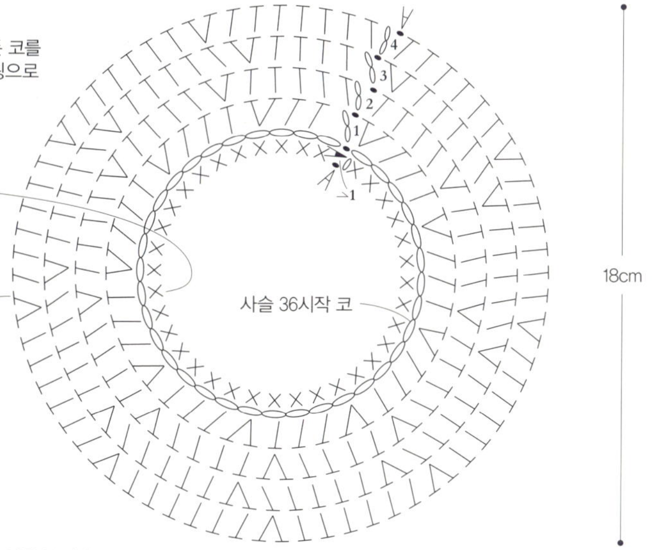

③ 8장을 링 모양으로 연결한 다음
　뜨개 바탕을 뒤집는다(긴뜨기
　안쪽을 겉으로 사용)

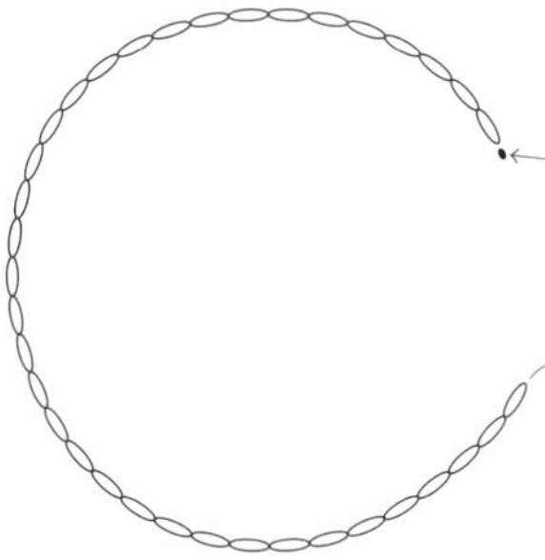

= 실을 붙인다
= 실을 자른다

① 사슬 36코를 링으로 만든 후 긴뜨기로
　4단 뜨고 나서 뜨개 바탕을 뒤집어
　원 안쪽에 짧은뜨기를 1단 뜬다

# S 모눈뜨기 방석 사진 27페이지

**실** 하마나카 보니(50g 1볼)
　베이지(417) 200g
　하마나카 점보니(50g 1볼)
　모스그린(13) 70g, 다크 블루(16) 30g
**바늘** 코바늘 8/0호 특대 돗바늘
**사이즈** 40cm 사각형
**게이지** 모눈뜨기 8.5칸, 6.5단 = 10cm 사각형

**뜨는 방법** 실은 베이지 색을 한 겹으로 뜬다.
1  사슬 69코를 만들어, 만든 코의 양쪽에서 주위 모눈뜨기를 주머니
　모양으로 26단 뜬다.
2  점보니를 그림처럼 1단마다 통과시킨다.
3  모눈뜨기의 마지막을 모든 코 휘갑치기로 붙인다.

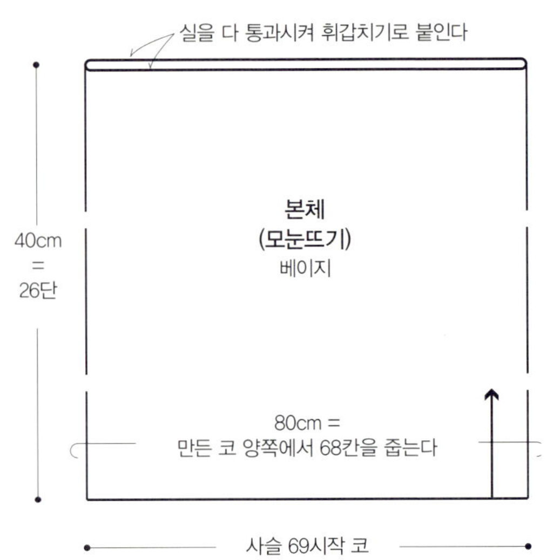



## 모눈뜨기와 실 통과시키는 방법

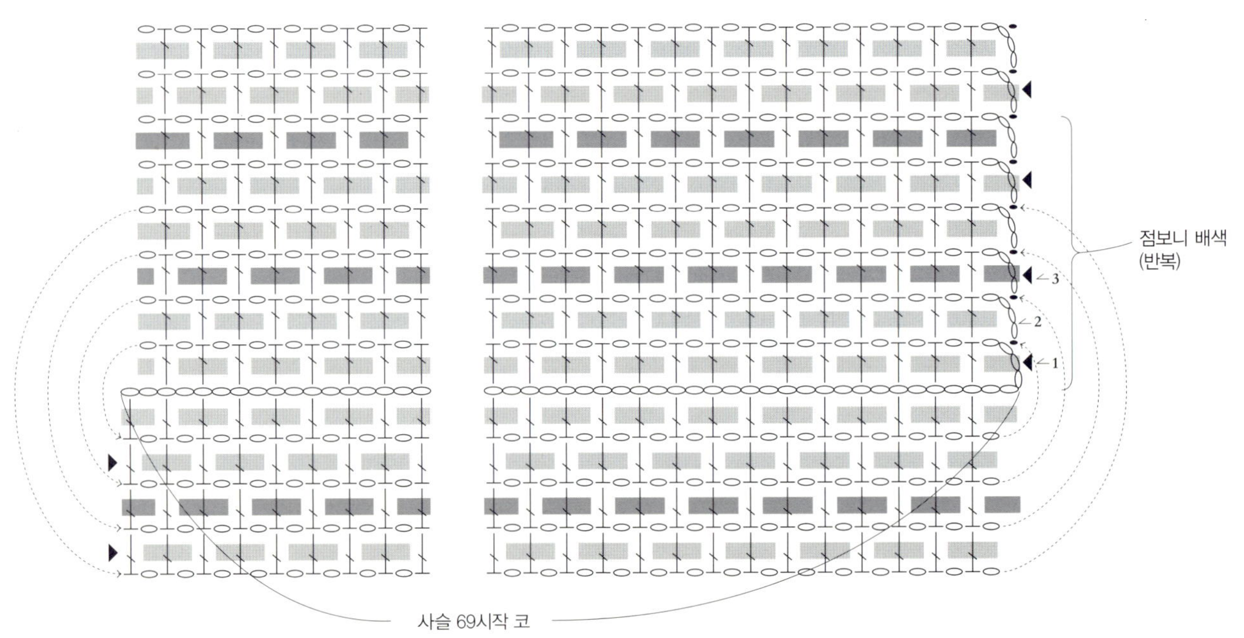



◀ = 실을 통과시키는 시작점
▨ = 모스그린
▨ = 다크 블루

- 점보니 210cm를 반으로 접어 돗바늘에 두 가닥으로 통과
　시킨다(사진참조)
- 통과시키는 시작점과 종료점을 안쪽에서 연결한다
- 통과시키는 시작점은 묶은 것이 기울지 않도록 1단마다 띄
　어 위치를 좌우로 바꾼다

### 실을 통과시키는 방법

점보니를 두 가닥으로 접어 돗바늘에 통과시
켜, 모눈뜨기의 코에 통과시킨다. 통과시키는
시작점과 종료점을 안쪽에서 연결한다.

# 뜨개의 기본



## ⊘ 사슬뜨기

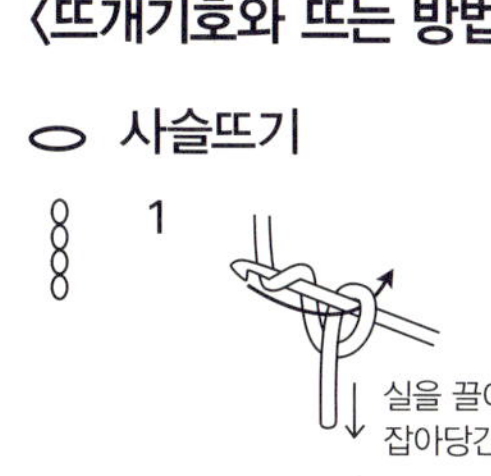


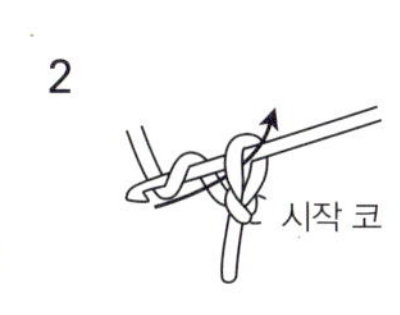

## ✕ 짧은뜨기

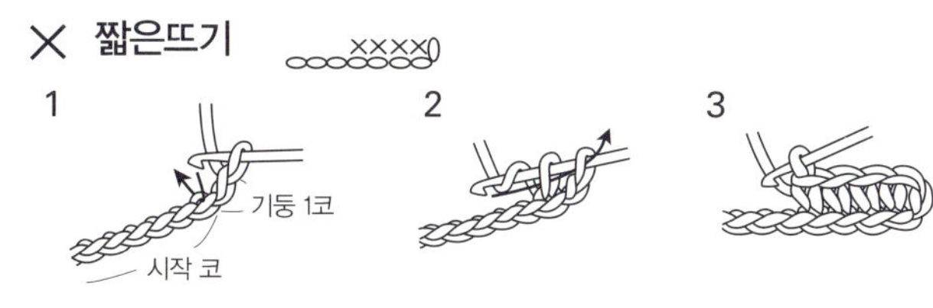


## ⊤ 긴뜨기

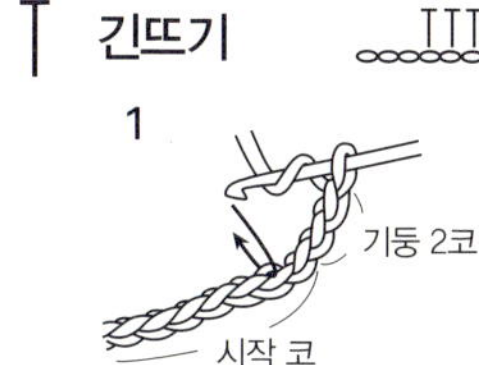


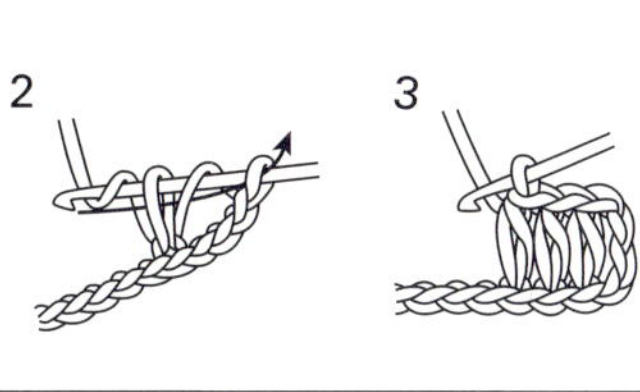


## 한길긴뜨기

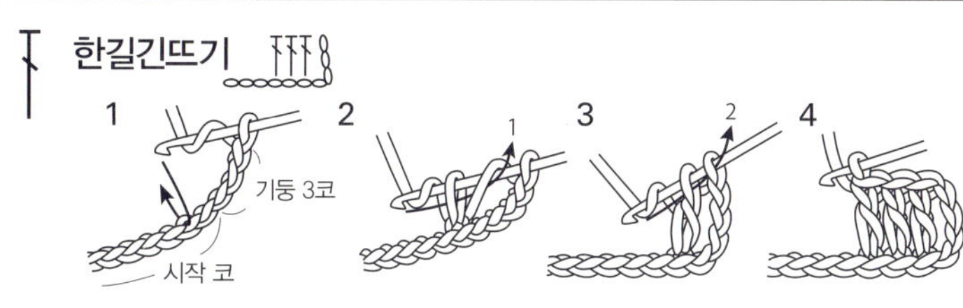


## 두길긴뜨기

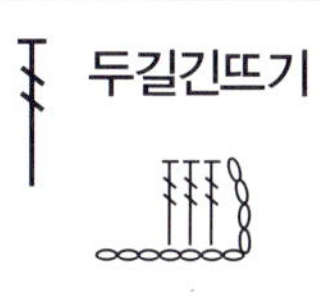


## 긴뜨기 3코 구슬뜨기

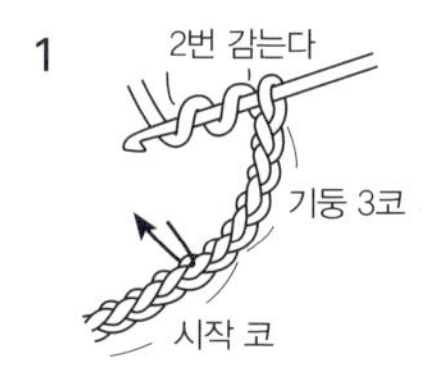
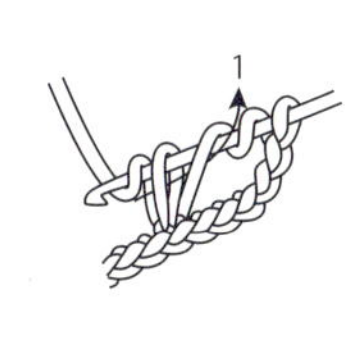
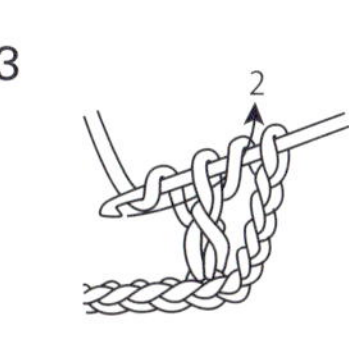

바늘에 실을 걸고 같은 곳에 미완성 긴뜨기를 3코 뜬다(그림은 1코째)

바늘에 실을 걸고 한 번에 뺀다



## ⊤ 한길긴뜨기 3코 구슬뜨기

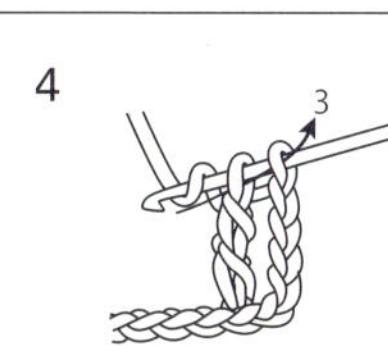
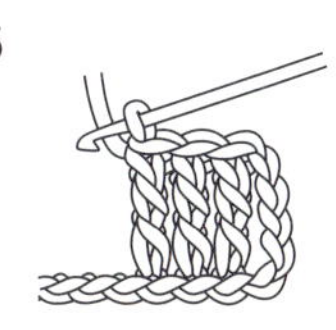

미완성 한길긴뜨기를 3코 뜬다 (그림은 1코째)

바늘에 실을 걸고 한번에 뺀다



## 한길긴뜨기 5코 팝콘뜨기

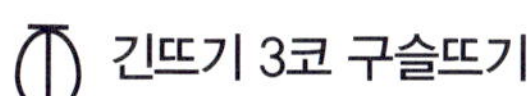
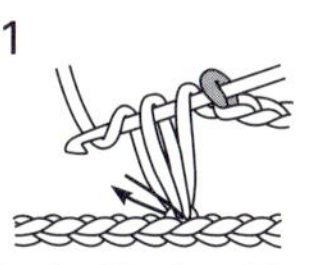
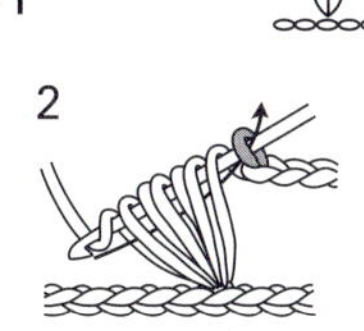

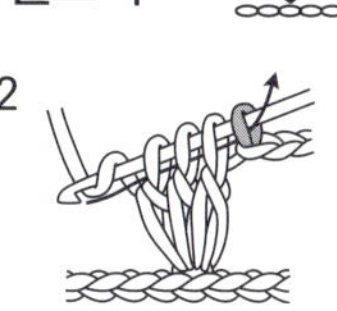

같은 곳에 한길긴뜨기를 5코 떠 넣는다

바늘을 빼고 화살표처럼 1코째부터 다시 넣는다

화살표처럼 코를 빼낸다

바늘에 실을 걸고 사슬뜨기 요령으로 1코를 뜬다. 이 코가 머리가 된다



## 긴뜨기 3코 변형 구슬뜨기

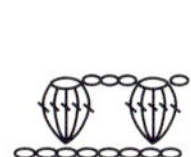
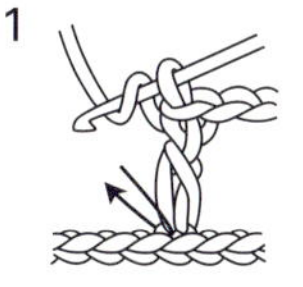
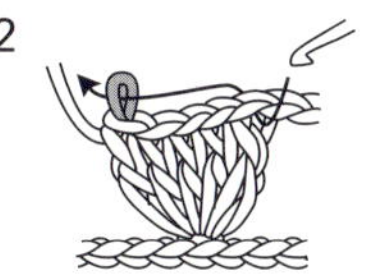
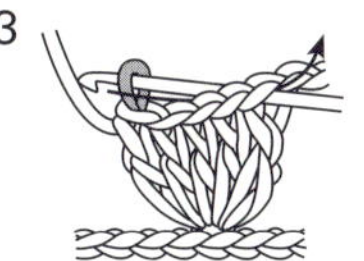

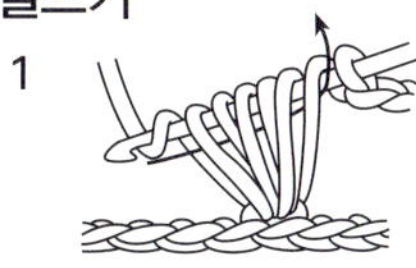
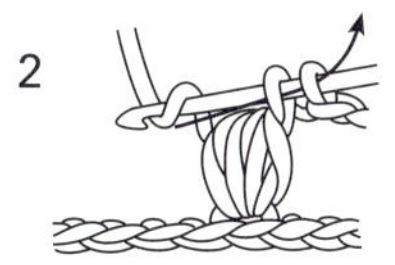

긴뜨기 3코 구슬뜨기 1~2 요령으로 바늘에 실을 걸어 화살표처럼 빼낸다

바늘에 실을 걸어 2루프를 한 번에 빼낸다

※ '긴뜨기 2코의 변형 구슬뜨기'는 같은 요령으로 긴뜨기를 2코 뜬다

 빼뜨기

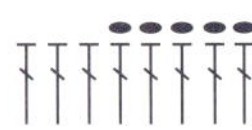

1
2

 백 짧은뜨기

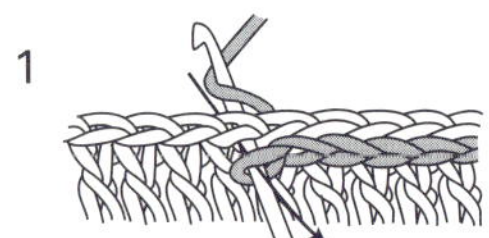

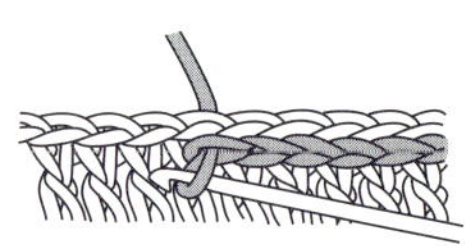

1
2
3
4
5

사슬 1코

바늘을 뜨는 사람 쪽에서 돌려 화살표처럼 끌어낸다

바늘에 실을 걸어 화살표처럼 끌어빼낸다

바늘에 실을 걸어 루프를 뺀다

1~3을 반복해 왼쪽에서 오른쪽으로 뜬다

## 짧은뜨기 줄기뜨기

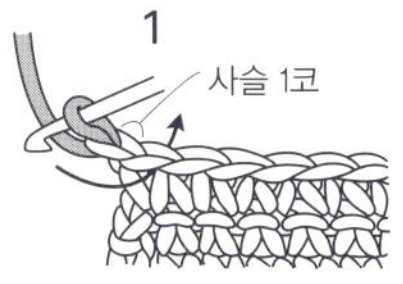

1
2

앞단의 코 반대편을 끌어낸다

줄기가 서도록 뜬다

## 한길긴뜨기 줄기뜨기

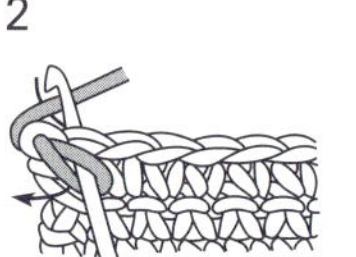
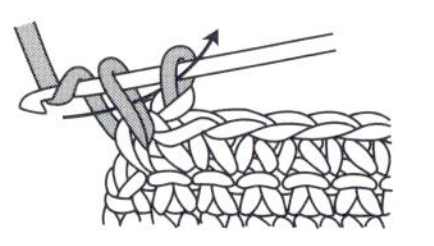

바늘에 실을 걸어 앞단에 사슬 코 반대편 실을 끌어내 한길긴뜨기를 한다

## 짧은뜨기 2코 떠 넣기

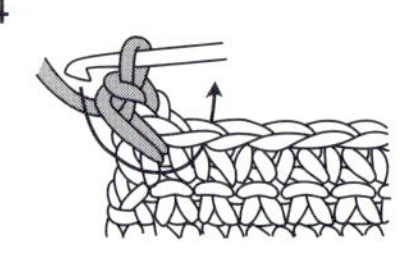

1
2

같은 코에 짧은뜨기를 2코 뜬다

## 한길긴뜨기 2코 떠 넣기

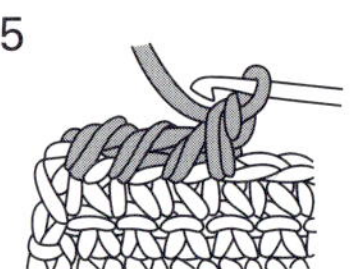

1
2

같은 코에 한길긴뜨기를 2코 뜬다

## 짧은뜨기 3코 떠 넣기

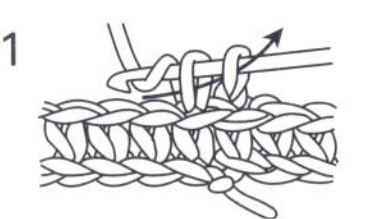
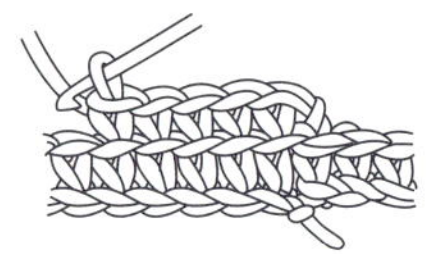
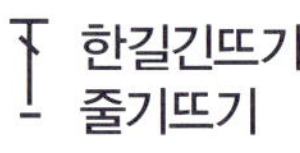
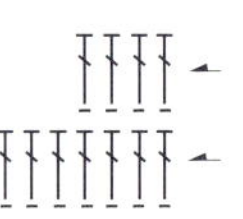
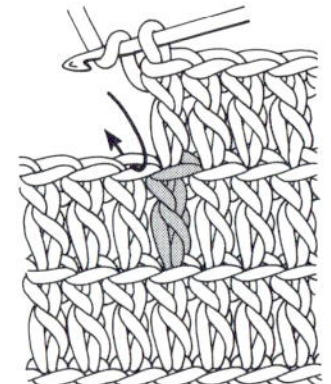

1
2
3
4

같은 코에 짧은뜨기를 1코 더 뜬다

같은 코에 또 1코 뜬다

2코 늘어나며 완성

## 짧은뜨기 2코 모아뜨기

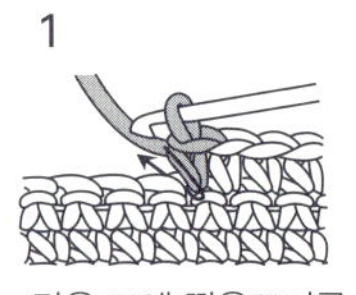
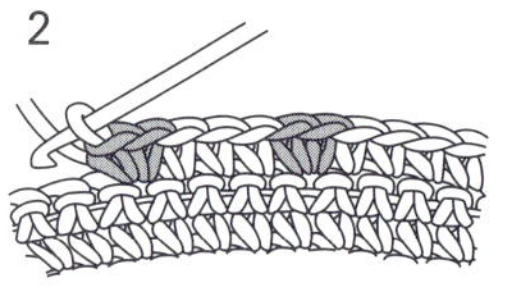
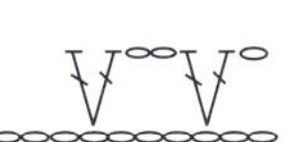
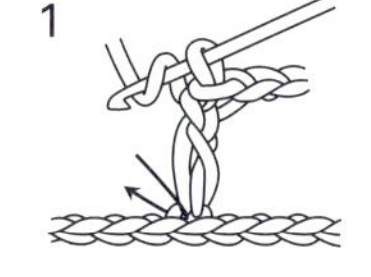

1
2
3
4

짧은뜨기와 마찬가지로 실을 꺼낸다

다음 코도 1과 마찬가지로 실을 꺼낸다

2코를 한번에 뜬다

### 짧은뜨기 3코 모아뜨기

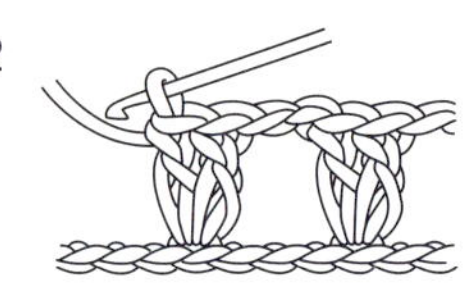

'짧은뜨기 2코 모아뜨기' 요령으로 3코를 한 번에 뜬다

## 한길긴뜨기 2코 모아뜨기

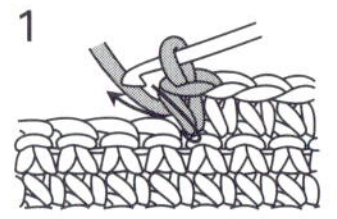
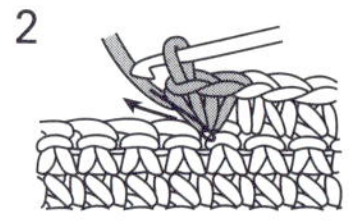
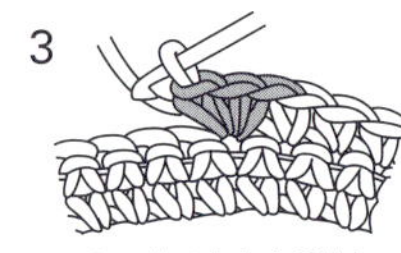

1
2
3

미완성 한길긴뜨기를 2코 뜬다

2코 같이 한길긴뜨기를 완성시킨다

## 한길긴뜨기 3코 모아뜨기

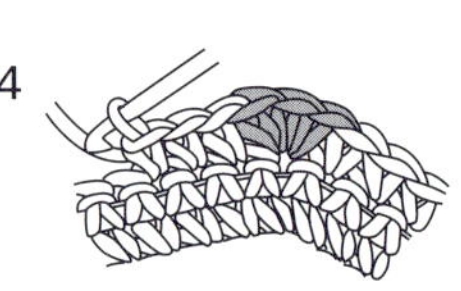

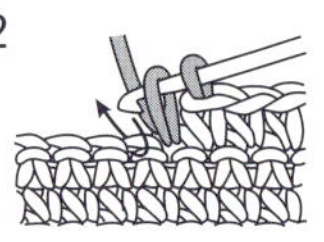
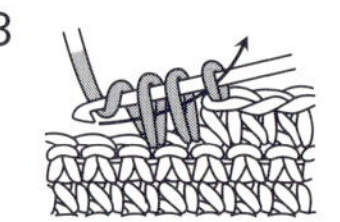
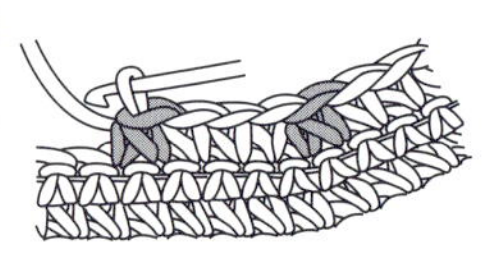
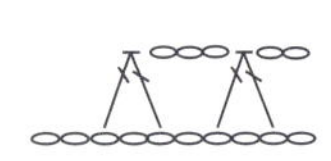
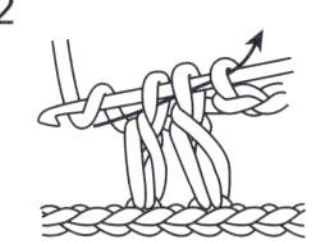

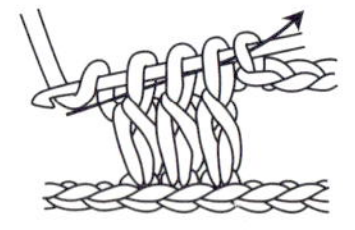

2코 모아뜨기 요령으로 미완성 긴뜨기 3코를 한 번에 완성시킨다

 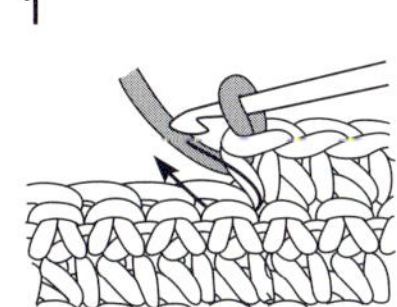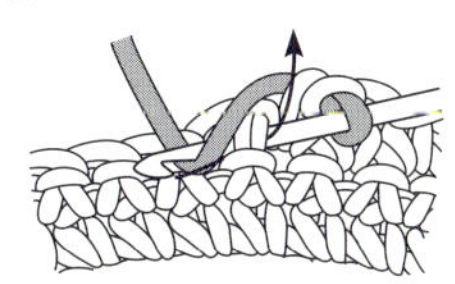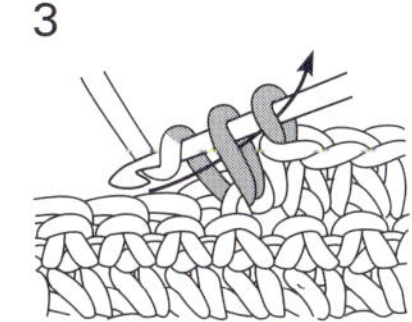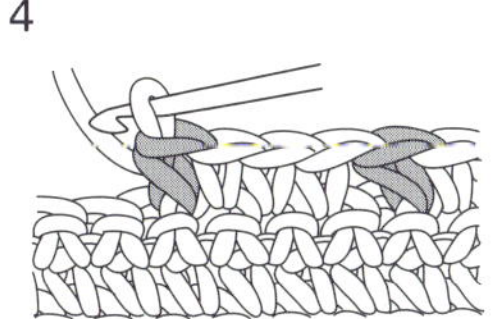

## 앞걸어 짧은뜨기

**1** 화살표처럼 바늘을 넣고 앞단 기둥을 끌어낸다

**2** 바늘에 실을 걸어 짧은뜨기보다 길게 실을 꺼낸다

**3** 짧은뜨기와 마찬가지 요령으로 뜬다

**4** 앞단 머리의 사슬코가 반대편(안쪽)으로 나온다

## 뒤걸어 짧은뜨기

 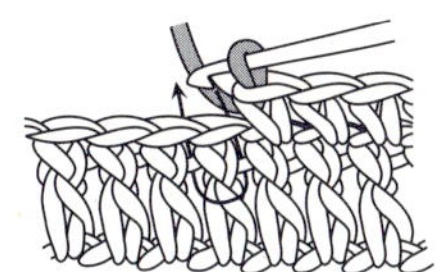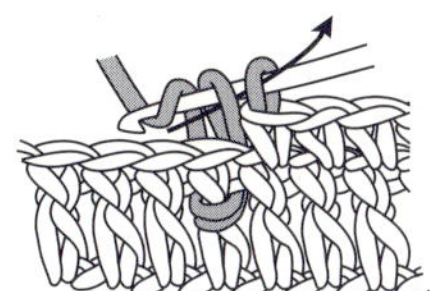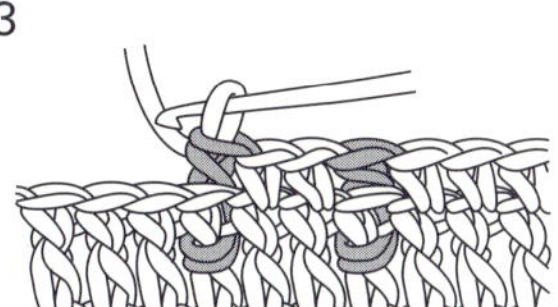

**1** 반대편에서 화살표처럼 바늘을 넣고 실을 넉넉히 꺼낸다

**2** 짧은뜨기와 마찬가지 요령으로 뜬다

**3** 완성

## 앞걸어 한길긴뜨기

 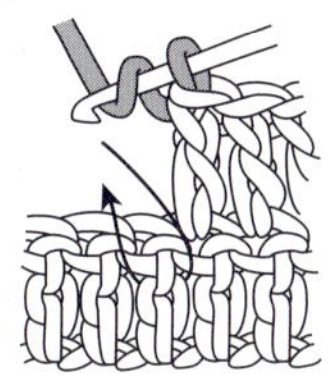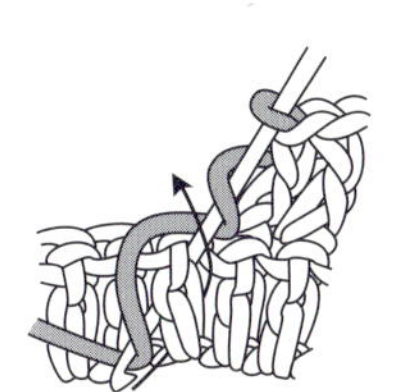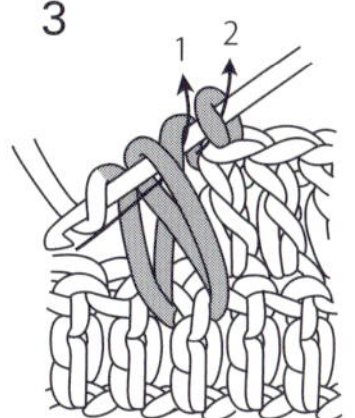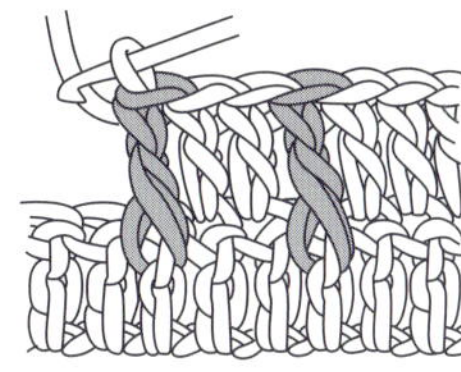

**1** 바늘에 실을 걸어 앞단의 기둥을 화살표처럼 겉쪽에서 끌어낸다

**2** 바늘에 실을 걸어 앞단의 코나 옆 코가 따라오지 않도록 길게 실을 낸다

**3** 한길긴뜨기와 마찬가지 요령으로 뜬다

완성

## 뒤걸어 한길긴뜨기

 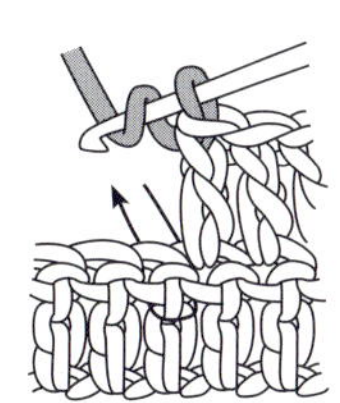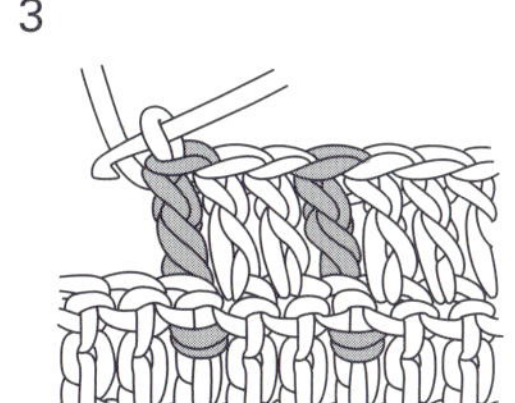

**1** 바늘에 실을 걸어 앞 단의 기둥을 화살표처럼 안쪽에서 끌어내 길게 실을 꺼낸다

**2** 한길긴뜨기와 마찬가지 요령으로 뜬다

**3** 완성

 **사슬3코 피콧 (짧은뜨기에 붙이는 경우)**

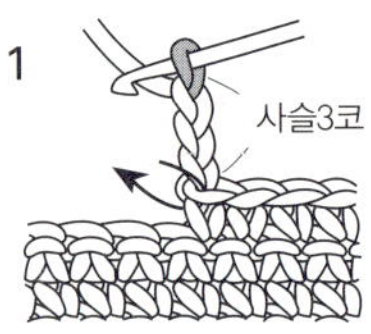


사슬뜨기를 3코 뜬다.
회살표처럼 짧은뜨기의
머리 반코와 기둥 실
1줄을 끌어낸다

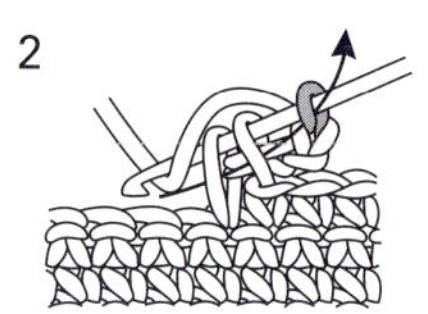


바늘에 실을 걸어 실
전부를 한 번에 당겨
빼낸다

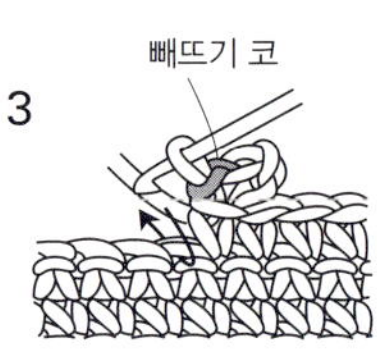


완성.
다음 코에 짧은뜨기를 뜬다

---

## 사슬3코 피콧(사슬에 붙이는 경우)

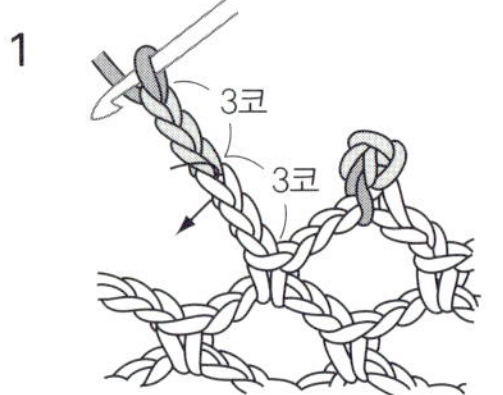


2줄의 실을 끌어낸다

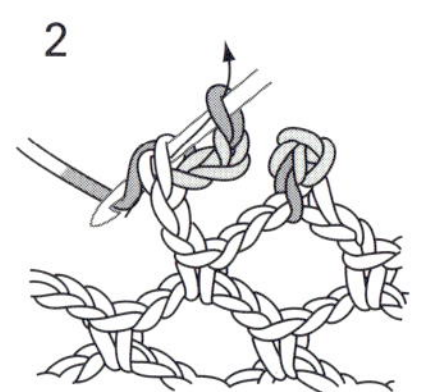


한 번에 뺀다

---

## 〈원형 뜨기〉

### 실 끝을 링으로 만드는 법

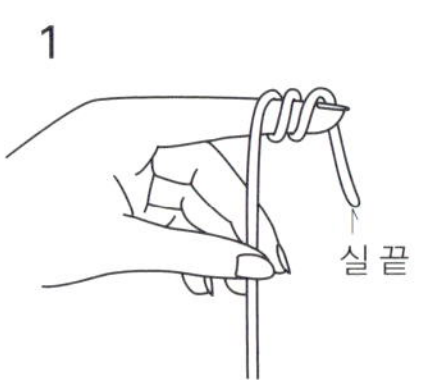


손가락에 실을 2번 감고
이중 고리를 만든다

고리를 손가락에서 빼 화살표
처럼 실을 빼낸다

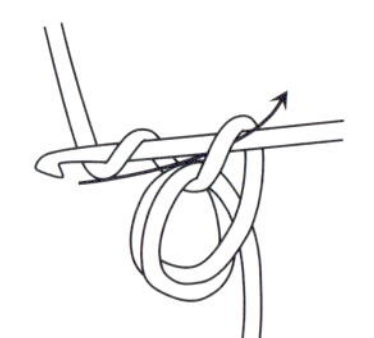


기둥 사슬코를 뜬다

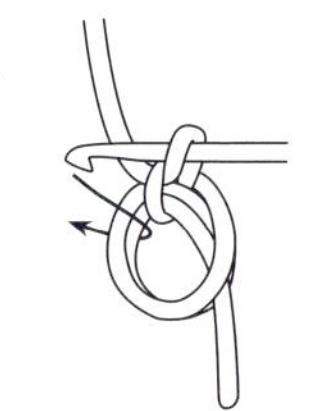


고리를 끌어내 필요한
콧수를 뜬다

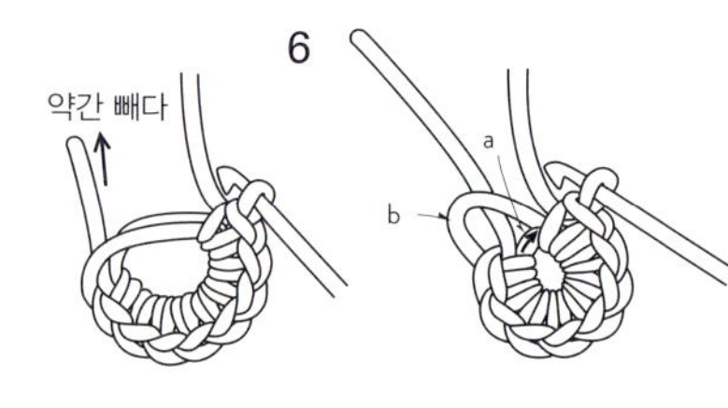


실 끝을 약간 잡아뺀다

a 실을 화살표 방향으로
뺀다

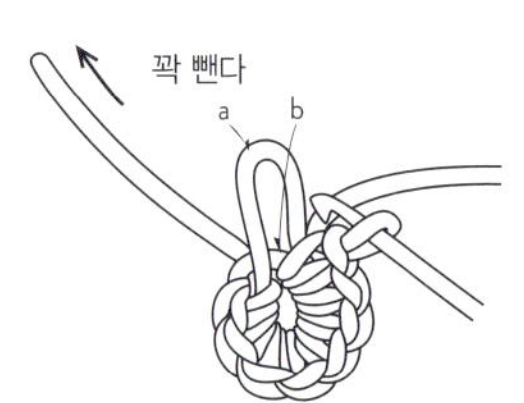


a 실을 꽉 잡아 빼 b 실을
조인다

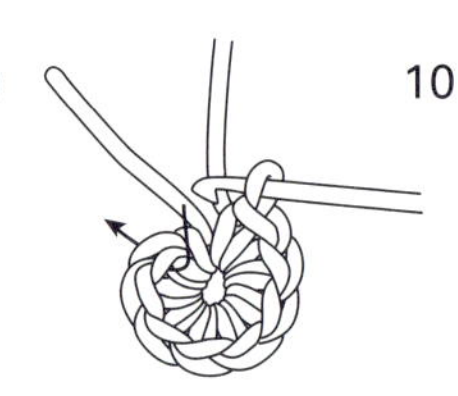


실 끝을 빼 a 실을 조인다

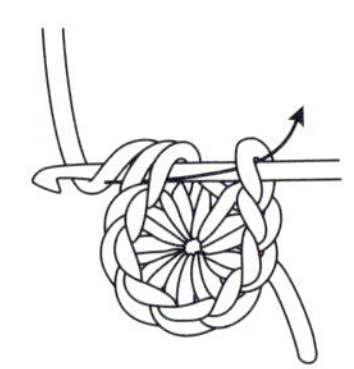


첫코 머리를 끌어낸다

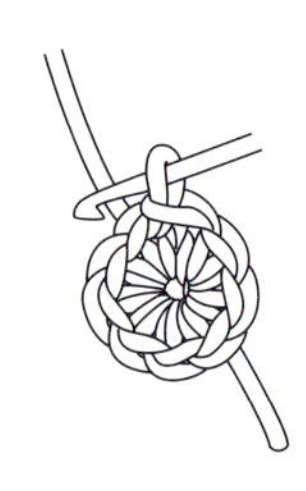


꽉 뺀다

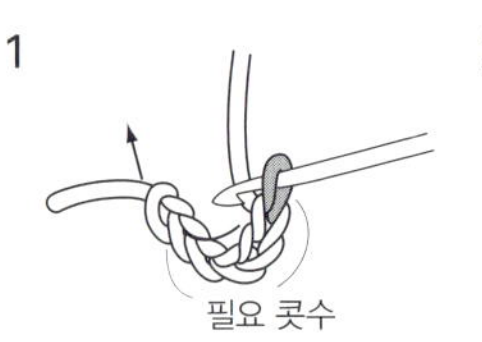


---

## 사슬뜨기를 링으로 만드는 방법

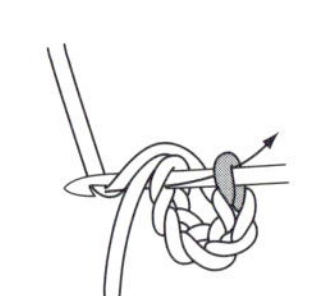


필요 콧수만큼 사슬을 뜬다

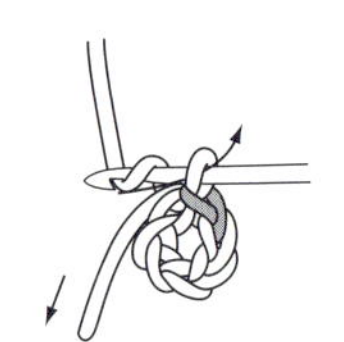


1코째에 뺀다

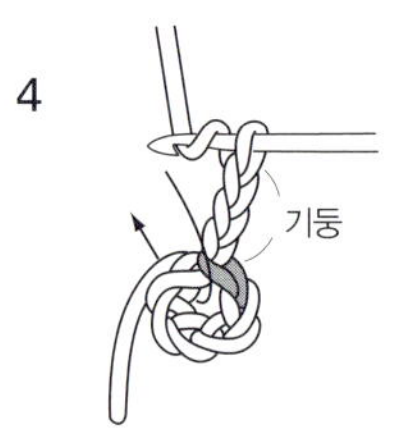


기둥 사슬을 뜬다

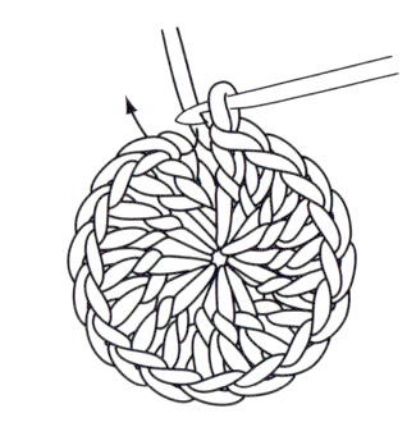


계속해서 1단째를 뜬다
끝 실도 같이 끌어내 뜬다

필요한 콧수가 떠지면 1코째(여기서
는 기둥 사슬 3코째)에 빼서
링으로 만든다

## 빼뜨기로 뜨면서 잇는 방법

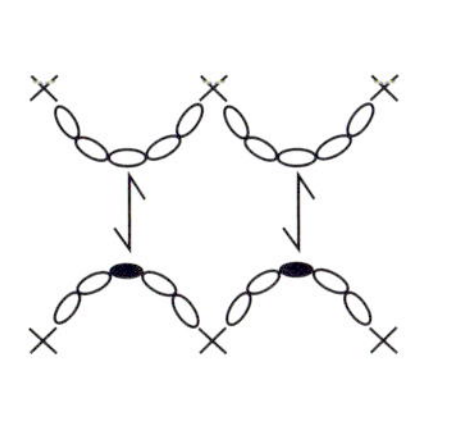

**1**

**2**
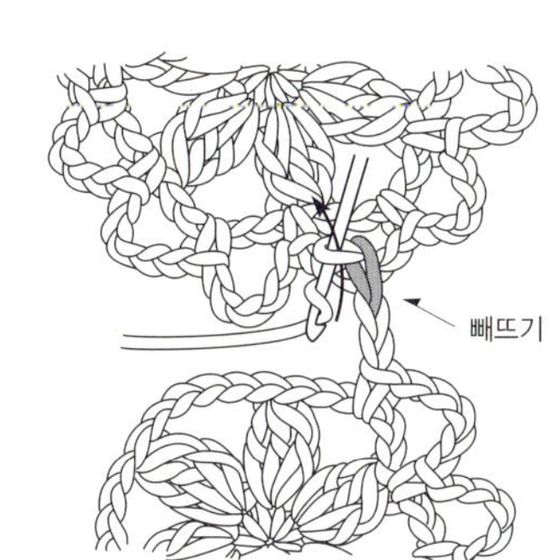


**3**

## 바늘을 바꿔 한길긴뜨기로 잇는 방법

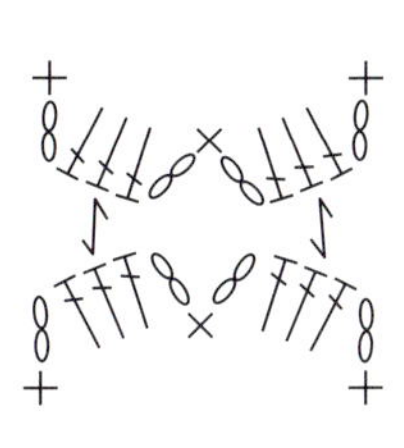

**1**
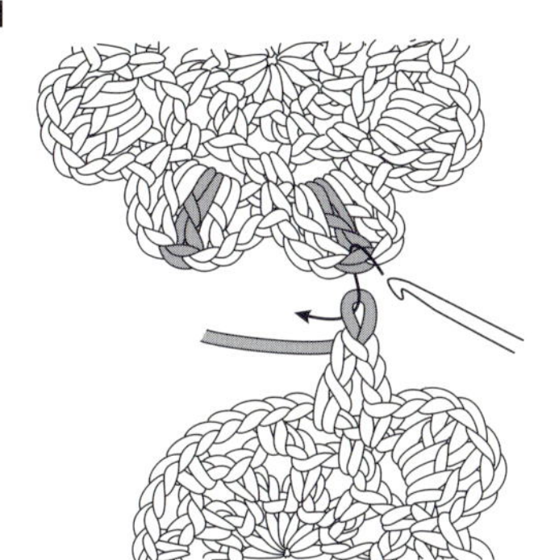

바늘을 빼서 1장째 모티프에서
화살표 방향으로 넣어 뺀 코를
바늘에 되돌려놓고 코를 빼낸다

**2**
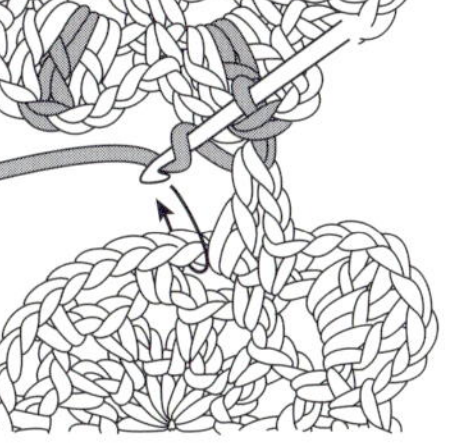

바늘에 실을 걸어 한길긴뜨기를 뜬다

**3**
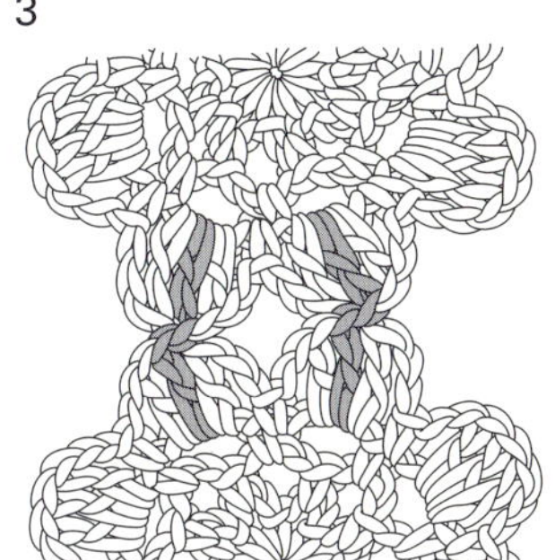

중앙 코 머리가 연결된다

---

### 〈배색 계통 바꾸기〉 고리뜨기의 경우

**1**
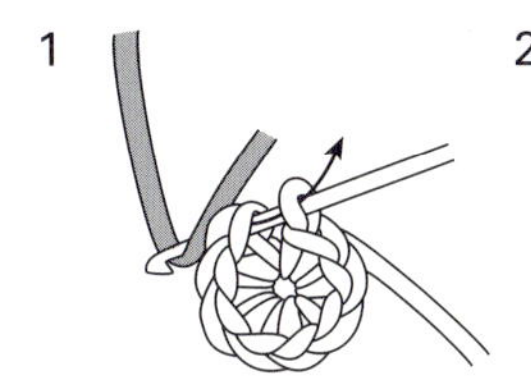

**2**

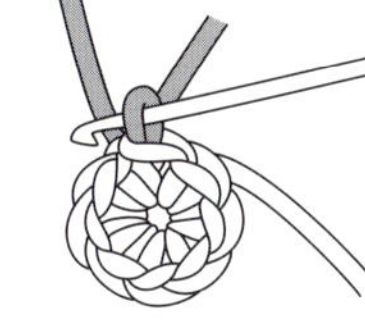

다음 단의 실로 바꿔 뺀다

### 〈실 건네기 방법〉

**1**
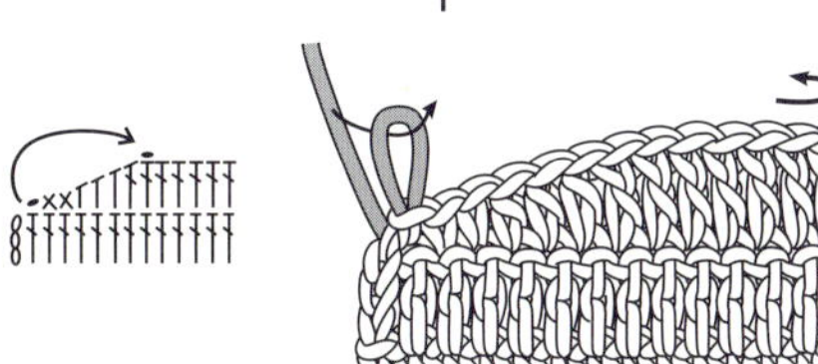

코를 크게 벌려 뜨개실을 통과시키
는 뜨개 바탕을 뒤집는다

**2**
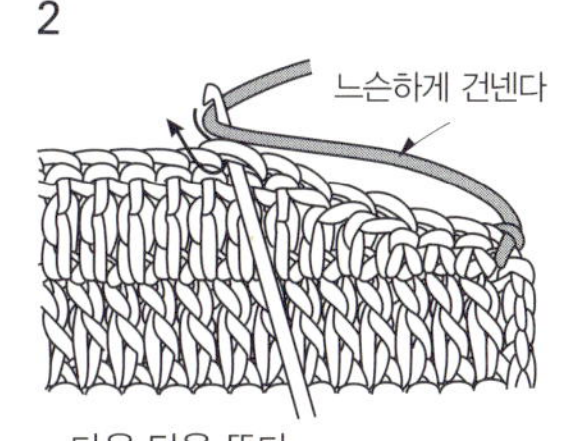


다음 단을 뜬다

---

### 〈기호 보기〉

뿌리가 붙어 있는 경우

앞단 코에 바늘을 넣어
뜬다

뿌리가 떨어져 있는 경우

앞단 사슬뜨기 루프를
끌어내 뜬다

### 〈전코 휘갑치기〉

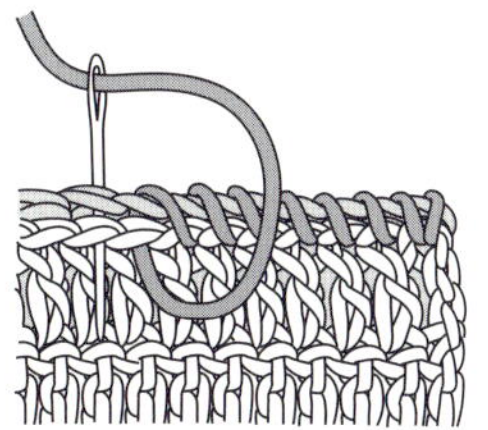

뜨개 바탕을 바깥쪽끼리 붙여 1코씩 뜨개
코의 머리 전부를 끌어내 조인다

### 〈반코 휘갑치기〉

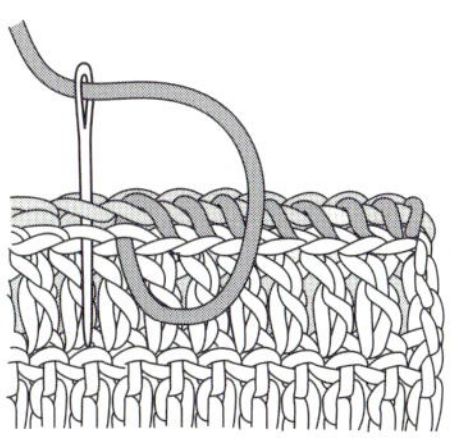

뜨개 바탕을 바깥쪽끼리 붙여 안쪽
반코씩 휘갑치기 한다

**감수자의 말**
뜨개는 수다스럽습니다.
알콩달콩 자기들끼리 모여서 하나의 이야기가 됩니다.
홀로서기에는 표현의 한계가 있어, 서로 나른 모습을 한 것들이 친구가 되어서 이렇게도 모여 보고,
저렇게도 모여 보며 힘껏 뜨개의 세상을 뽐내고 있습니다. 와자지껄 어수선하고 복잡해 보이지만
서로 약속한 기호가 있기에 어떠한 무늬라도 가능하답니다.
무에서 유를 만들어내는 니트 작가님들을 존경합니다. 여러분도 이 책과 함께 뜨개의 세상에서
훌륭한 열매를 맺으시길 바랍니다.


**감수 신근혜**
경상북도 기능경기대회 기계편물 분야에서 금상을 수상하며 능력을 인정받기 시작했다.
패션산업기사, 양재실기교사, 일본손뜨개문화협회(NAC) 손뜨개강사 등 자격을 취득했다.
현재 신순득핸드니트학원을 운영하며 뜨개와 핸드메이드 분야에서 다양한 수업을 진행하고 있다.


**옮긴이 김미형**
일본 주오대학교에서 석·박사 학위를 취득했으며 성신여자대학교에서 근무했다.
2002년부터 지금까지 비즈니스 번역 일을 하고 있다.
번역서로는 《우에노 역 공원 출구》, 《두뇌트레이닝 100》, 《암, 그냥 죽기엔 억울하다》 등이 있다.


따뜻하고 귀여운
# 손뜨개 방석

**1판 1쇄** 2016년 1월 25일

**지은이** 주부와생활사  **펴낸이** 정연금  **펴낸곳** 멘토르

**등록** 2004년 12월 30일 제302-2004-00081호
**주소** 서울시 광진구 능동로 331 2층
**전화** 02-706-0911  **팩스** 02-706-0913
**홈페이지** www.yellowpub.co.kr

ISBN 978-89-6305-715-6 (13590)


ATTAKA KAWAII TEAMINO ZABUTON
Copyright © SHUFU TO SEIKATSU SHA CO.,LTD., 2014
All rights reserved.
Original Japanese edition published by SHUFU TO SEIKATSU SHA CO.,LTD.

Korean translation copyright © 2016 by Mentor, Inc.
This Korean edition published by arrangement with SHUFU TO SEIKATSU SHA CO.,LTD.,
Tokyo, through HonnoKizuna, Inc., Tokyo, and Shinwon Agency Co.

이 책의 한국어판 저작권은 신원에이전시를 통한 저작권자와의 독점 계약으로 (주)멘토르출판사에 있습니다.
신저작권법에 의해 한국 내에서 보호를 받는 저작물이므로 무단전재와 복제를 금합니다.

※ 노란우산은 (주)멘토르출판사의 아동·실용 출판 전문 브랜드입니다.
※ 책값은 뒤표지에 있습니다.
※ 잘못 만들어진 책은 구입한 곳에서 바꾸어 드립니다.